我发现了奥秘

世界上最最俏皮的动物书

[韩]李浩先◎编著

吉林出版集团股份有限公司

图书在版编目(CIP)数据

世界上最最俏皮的动物书/(韩)李浩先编著.—长春:
吉林出版集团股份有限公司, 2012.1（2021.6 重印）
（我发现了奥秘）
ISBN 978-7-5463-8083-4

Ⅰ.①世… Ⅱ.①李… Ⅲ.①动物—儿童读物
Ⅳ.①Q95-49

中国版本图书馆CIP数据核字(2011)第264142号

我发现了奥秘
世界上最最俏皮的动物书
SHIJIE SHANG ZUI ZUI QIAOPI DE DONGWUSHU

出版策划：孙　昶
项目统筹：于姝姝
责任编辑：于姝姝
出　　版：吉林出版集团股份有限公司（www.jlpg.cn）
　　　　　（长春市福祉大路5788号，邮政编码：130118）
发　　行：吉林出版集团译文图书经营有限公司　（http://shop34896900.taobao.com）
总 编 办：0431-81629909
营 销 部：0431-81629880/81629881
印　　刷：三河市燕春印务有限公司（电话：15350686777）
开　　本：889mm×1194mm　1/16
印　　张：9
版　　次：2012年1月第1版
印　　次：2021年6月第7次印刷
定　　价：38.00元

写在前面

　　孩子的脑海里总是会涌现出各种奇怪的想法——为什么雨后会出现彩虹？太阳为什么东升西落？细菌是什么样的？恐龙怎么生活啊？为什么叫海市蜃楼呢？金字塔是金子做成的吗？灯是什么时候发明的？人进入太空为什么飘来飘去不落地呢？……他们对各种事物都充满了好奇，似乎想找到每一种现象产生的原因，有时候父母也会被问得哑口无言，满面愁容，感到力不从心。别急，《我发现了奥秘》这套丛书有孩子最想知道的无数个为什么、最想了解的现象、最感兴趣的话题。孩子自己就可以轻轻松松地阅读并学到知识，解答所有问题。

　　《我发现了奥秘》是一套涵盖宇宙、人体、生物、物理、数学、化学、地理、太空、海洋等各个知识领域的书系，绝对是一场空前的科普盛宴。它通过浅显易懂的语言，搞笑、幽默、夸张的漫画，突破常规的知识点，给孩子提供了一个广阔的阅读空间和想象空间。丛书中的精彩内容不仅能培养孩子的阅读兴趣，还能激发他们发现新事物的能力，读罢大呼"原来如此"，竖起大拇哥啧啧称奇！相信这套丛书一定会让孩子喜欢、令父母满意。

　　还在等什么？让我们现在就出发，一起去发现科学的奥秘！

目 录

嗡嗡嗡，
勤劳的昆虫就是它

春天，百花盛开，还没走到花丛旁，就先听到"嗡嗡嗡"的叫声。走近一看，原来是一群小蜜蜂正在忙着采花粉、花蜜呢！它们在花丛中不停地忙碌着，特别勤劳！但是，小朋友，你知道蜜蜂是如何过日子的吗？那么一大群蜜蜂，它们是如何进行分工的呢？

遍布世界的小蜜蜂

蜜蜂的种类非常多，据统计，全世界共有1.5万多种呢，因为蜜源植物的分布不同，所以它们的种群分布也不同。在亚洲、欧洲、美洲等地区，都有蜜蜂的种群哟！蜜蜂的家族构成很有规律，一个普通大小的蜂群大约有6万只蜜蜂，主要由蜂王（也叫蜂后）、工蜂和雄蜂组成。这其中只有一只蜂后，却有100只左右的雄蜂。蜂王主要负责家族的繁衍工作，其余的工作全部由工蜂负责，工蜂的主要工作是外出采蜜。

为什么说蜜蜂"勤劳"呢？

在平时，我们都爱用"勤劳"这个词来形容蜜蜂，这是因为，蜜蜂为获取食物要夜以继日地工作，它们白天采蜜，晚上还要酿蜜，同时还

要帮果树完成授粉的任务，这些小蜜蜂可是农作物之间的"介绍人"哦！在这些小蜜蜂中最勤劳的就是工蜂了，因为它们几乎承担了蜂群的所有劳动。

瞧，最忙碌的工蜂来啦！

　　工蜂的一生共有三个时期：第一个时期是幼虫时期，它们主要在巢内活动，平时只从事一些简单的清扫工作，还要喂养一些刚出生的幼虫，提炼蜂王浆，教幼虫学习飞行；第二个时期，工蜂就开始承担一些筑巢、酿蜜的工作，有一些还会成为卫兵，专门负责巢穴的安全工作；第三个时期是工蜂最辛苦、最危险的阶段，它们要早出晚归不停地采蜜，一刻也不能偷懒哟！

可爱的花粉我来啦?

　　在蜂群中，雄蜂的寿命相对较短，它们不用出去采花粉，也不负责去喂养幼蜂，它的工作主要是筑巢以及贮存食物。其余的工蜂都要出去采花粉，大部分的蜜蜂都是不挑食的孩子，只有极少种类的蜜蜂只采一些有亲缘关系的花粉。蜜蜂采下花粉以后，就会将它们带到巢中，夜晚来临时，才开始它们酿蜜的工作。

蜂后是如何生活的呢?

　　蜂后是蜂群中的王者，它不用像工蜂那样辛苦地出去采粉、酿蜜，但是它肩负着繁衍后代的重要任务，这也是一项十分辛苦的工作哟！因

为，蜂后一生中有95%的时间都在巢中产卵。

那么，蜂后是如何产卵的呢？

原来，蜂后在产卵前都会先释放激素，这种激素有非常大的作用，它一方面可以使群中所有的工蜂团结在一起，另一方面也能够吸引雄蜂，这样蜂后的产卵生涯就即将开始了。

刚刚产下来的卵，两天后就可以孵化为幼虫。在工蜂的精心喂养下，幼虫长到一周后就开始化蛹了，大约12天后就长成了成虫。小朋友们看到这儿一定会感叹——呀！这个小蜜蜂长得可真快啊！

而蜂后会在小蜜蜂不断成长中，慢慢老去，变成了老蜂后的它们会主动地让出自己的位置，并会带领一半的"随从"离开蜂巢，去另外的地方建新居。

蜜蜂之间是如何交流的?

　　每一个蜂巢都是一个大家族，这里生活着许多小蜜蜂，它们会对小蜜蜂进行分类，然后每一个成员就会自觉地完成好它们各自的工作，这种精神可是很值得我们学习的哦! 可是，它们在工作中该怎么交流呢? 千百年来，这也是人们一直在探究的问题。后来，奥地利的科学家弗里茨经过艰苦而长期的观测终于发现了其中的奥秘。

原来，它们的交流主要是靠不同的舞姿和舞蹈次数，通过这些能够传达蜜源地点以及蜜源好坏等信息，这样蜂群就可以以最快的速度去采集最多的蜂蜜了。

趣味问答

蜜蜂的智慧我们了解吗?

　　蜜蜂可是非常富有智慧的小家伙。它们不仅会建立自己的家族，还会明确地为每一个成员分工，在它们的世界中，舞姿不是用来炫耀的，而是在工作中相互合作，发现更多蜂源的方式。蜜蜂所建的巢至今仍让人们惊叹，对它们的研究工作，许多年来一直没有停止过，只是这些神奇的小蜜蜂，它们究竟有着怎样的智慧，对我们来说仍是一个谜。

爱啃木头
的工程师

　　在昆虫界有一种爱吃木头的动物，它就是白蚁。小朋友，你见过它们吗？它们也是一种充满智慧的动物哟！被人类称为"建筑工程师"的小白蚁，它们在房屋建造方面给了人类很多的启示哦！但是它们是如何生活的呢？让我们赶快去了解一下吧！

白蚁和蚂蚁有什么区别吗?

一说到白蚁,小朋友可能就会立刻想起蚂蚁,大家可能都会猜测白蚁和蚂蚁的样子和习性应该很接近的吧!呵呵,其实不然哟!白蚁与蚂蚁虽然都是社会性活动极强的动物,但是白蚁却没有蚂蚁高级呢!因为白蚁属于较低级的半变态昆虫,而蚂蚁则属于全变态昆虫。根据对古化石的研究,我们发现白蚁是由生活在大约2.5亿年前的一种类似蟑螂的生物进化而来的,而蚂蚁却是蜜蜂和黄蜂等较近代的生物进化而来的!

我的地盘听我的!

白蚁的生活和蜜蜂很像,它们也喜欢过群居热闹的生活,而且也有着严格的分工制度。在白蚁的王国中,同样有着身份等级、贵贱尊卑之分。蚁后在白蚁群中个子最大,也是地位最为尊贵的,它担任着繁衍后代的重要任务,每次产下的卵都有

100多万枚呢！而蚁王则是白蚁群中的第二号统治者，它的地位与个头仅次于蚁后。小白蚁非常地拥戴它们，直到有一天它们年老死去，下一任蚁王和蚁后才会接替上任，以保证后代的延续。就这样，在蚁后和蚁王的统治下，这个小小的王国很快就壮大起来了！

兵蚁和工蚁在做什么？

在蚁群中还有一群小兵蚁，它们在白蚁群中负责保卫的工作。兵蚁的头部较长而且十分坚硬，上颚十分发达，但却没有取食的功能，只能作为防御敌人的武器。它还有类似于喷壶似的口器，可以喷射出一种胶质分泌物，用来与敌人战斗。而工蚁是蚁群中数量最多的，它们的主要任务就是负责维护蚁巢的安定和保证食物的充足。

白蚁为什么要以木头为食呢？

小朋友们知道白蚁最爱吃什么吗？对于它们来说木头和纤维素可是最美味的"糕点"呢！可是白蚁那么小，这些坚硬的木头不会伤害到它们吗？它们怎么能消化得了呢？原来白蚁有自己的秘密武器。在白蚁的肠道住着它的好朋友，这个好朋友叫作超鞭毛虫，它们可以分泌一种特殊的酶，有着超强的消化作用，可以将木材神奇地转化为各种糖类，为白蚁提供自身所需要的能量。

但是这种超鞭毛虫却只能够寄生在工蚁和兵蚁的肠道之中，蚁王、蚁后以及刚出生的幼蚁体内可没有这种虫子，所以在喂养幼蚁时，就只能依赖工蚁肠内消化一半的食物来喂养喽！

白蚁们是群建筑工程师

对于人类来说，最值得称赞的还是白蚁的建筑本领，它们的一些建筑"理念"已经被人类用于建造摩天大楼上面了，被人类称为动物界的"建筑工程师"！

白蚁能为自己建造一种非常舒适的巢穴，里面不仅有极好的通风条

件，而且温度控制得也很适当，很受人类的推崇。许多伟大的工程师就是从白蚁身上获得的灵感，建造出了许多不用人工调节而只用天然风调节室内温度的摩天大楼哟，所以，称白蚁为动物界的"建筑工程师"一点都不为过呢！

好奇怪的堡垒啊！

白蚁的巢穴有很多种，其中一种建得高高的，很像是神秘的堡垒。这个巢穴足有3米左右，像个锥形体，顶端尖尖的。这种设计的好处是可以避免正午阳光直接照射进来，因为白蚁可是很怕光的哦！另外，它的侧壁面积极大，在早晨与傍晚太阳光斜照的时候，能够最大限度地吸收太阳的热量，这种设计还能够保证室内温度的平衡哦！

哇！这里四季如春啊！

　　白蚁的泥塔中到处都是空气通道，通道的温度会随着太阳光的照射而升高，从而能够引起空气体积的膨胀，再通过通道把空气抽到塔顶，于是新鲜空气便能够从地下进去，保证了内部温度的适宜和空气的畅通。

　　白蚁中有一些极具创造力的工蚁团，它们会根据巢穴各处温度的不同，要么扩大通道，要么减小甚至阻断通道，用这种方式来调节气流，让巢穴内的温度达标。而这些富有智慧的设计方式，让白蚁一年四季都生活在一个舒适的环境中。

为什么说白蚁是个小财迷?

　　白蚁是一种爱吃木头的昆虫，而人类的许多建筑都是用木头建造的，所以它对我们辛辛苦苦建造的家园，有着极大的破坏力。另外，人类还有一个重大发现，原来白蚁还是个小财迷哦！人们经过研究发现，在白蚁的分泌物中，有一种高浓度的蚁酸，而这种蚁酸能够让白银变成黑色的粉末，这可是白蚁爱吃的东西呢，所以家中如果有白银饰品可要放置好，小心白蚁的攻击哦！

趣味问答

蝎子独特的育子方式

　　如果小朋友到山上郊游，可千万不要随便搬动大石头，因为在石头下面可能会藏着一种很毒的小家伙。它们翘着带钩子的长尾巴，举着双钳，正到处乱爬呢，小朋友们知道它们是谁吗？原来是可怕的蝎子啊！它们可是人们所说的"五毒"之一呢！这些带着剧毒的蝎子是怎么生活的？它们还有什么小秘密？让我们一一揭晓吧！

蝎子生活在哪些地方?

通常情况下，蝎子都会生活在混有片状岩石和泥土的山坡上，那里的环境不干不湿，而且植物很少，蝎子们最喜欢这种环境了。如果我们不了解它们的习性，走在一片长满高草的草地，或是既潮湿又没有山石的地方，我们恐怕只能寻到蚂蚁的踪迹，而蝎子会对我们说："哼！这样的怪地方，我怎么会去呢？"

这根针很厉害哦！

　　蝎子的螯针位于身体的最末端，这个螯针长有一条毒腺，毒腺内还存有很多毒汁。如果螯针刺入动物的身体中，毒腺里的毒液就会立即注入动物体内将它的神经麻痹，然后蝎子就会乘机逃跑或将其吃掉。

　　这根螯针不仅能够放毒，还能够"侦察敌情"呢！螯针的末梢神经特别地灵敏，地面上只要有轻微的振动，就会被它感知到。蝎子就是通过螯针的这一特征，来探知周边情况，判断敌情的。

这对大钳子有什么用？

　　蝎子还有另外一种保护工具——双钳，它上面有一种能够分辨猎物气味的化学物质，这一点对

蝎子成功猎杀小型的空中飞行物有很大的帮助。另外，双钳上的绒毛还能够洞察到身边细微的空气变化，这对于发现敌人和捕获猎物也有很大的作用哟！

蝎子有哪些生活习性?

　　与蜜蜂不同，蝎子是属于昼伏夜出的动物，喜欢黑暗、略微潮湿的环境，惧怕有强光、湿润的地方。而且蝎子有认窝和认群的习惯，它们的一生大多都会在固定的窝穴内活动，不会随便转移阵地。在一个群体内，无论雌雄、大小，它们都能够和睦地相处，很少发生相互残杀的现象。但是如果不是同窝的蝎子，相遇后就会出现可怕的残杀事件了。

　　另外，蝎子有冬眠的习惯。它们一般在11月上旬就开始进入冬眠状态，一直到第二年的4月下旬，才出来活动。在温暖无风、地面干燥的夜晚，多数蝎子都会在晚上9点钟左右出来活动，到第二天凌晨2点钟左右才回窝睡觉。

这↑妈妈很善变！

像其他动物一样，蝎子也是要繁衍后代的，但是它们有其独特的特点。一些雌蝎在交配后会当场将它的雄性伴侣吞食掉，好可怕哦！但奇怪的是，这种吞食小蝎子爸爸的行为并没有影响雌蝎的"母性"，相反，雌蝎在产下幼蝎后还会变得十分地温柔。

卵宝宝好幸福呢！

与其他昆虫类动物相比，雌蝎的孕育期相对较长，短则1个月，长则18个月才会产卵，所以这些蝎卵来得十分不容易！因此雌蝎对自己的宝

宝十分地疼爱，在即将产卵的时候，雌蝎一定会十分小心地寻找隐蔽的住所，以保证宝宝的安全。卵产下来以后，母蝎会将它们放到用自己前足围成的"摇篮"中，小蝎子就这样在妈妈的身边孵育长大，它们好幸福啊！不过也有大约三分之一的蝎子是直接从妈妈的身体里爬出来的，这类蝎子就是非卵生哦！

蝎子是群居动物吗？

昆虫类动物大部分都是群居的，蝎子当然也不例外喽！无论是自然界中的野生蝎，还是人工养殖条件下的家养蝎，都是以若干个体组成的种群共同生活在一起的。而且无论它们种群内部的密度大小、结构如何，它们都有着十分密切而复杂的关系，有些是互利合作的，有些则是相互制约的！

卵宝宝是怎样长大的？

幼蝎一旦出生以后，就会被母蝎小心地放到自己的背上面悉心养育，这会让毒毒的母蝎看起来很可爱呢！而幼年时的小蝎子，它们的吸盘会与母体相连，靠吸取母亲身上的营养来维持生命。一般情况下，幼蝎会在母亲的背上待4至15天，直到第一次蜕皮后，它们的钳会长出来，螫针也有了一定的威力，这时候它们就会离开母亲温暖的背，开始它们的独立生活。

打着灯笼出来玩

在夏天的夜晚，院子里经常会有会一闪一闪的小东西飞来飞去，像一个一个亮晶晶的小灯笼，那就是萤火虫。小朋友们，你们一定也看到过吧？别看它们体型很小，发出的光亮很微弱，但是如果将很多萤火虫聚集在一起，就能够发挥出很大的作用呢！如果不信的话，就往下看吧！

萤火虫有哪些特点呢?

　　萤火虫种类繁多，全世界约有2 000种，主要分布在热带、亚热带与温带地区。萤火虫的身体长而且扁平，头部狭小，腹部约有7至8节，末节有发光器，不同种类的萤火虫会发出不同的光亮。萤火虫都喜欢在夏天的夜间活动，常栖于潮湿温暖，草木旺盛的地方。

萤火虫的爸爸和妈妈恋爱啦!

　　萤火虫是一种较安静的动物，它们是如何传递信息的呢？原来不同的萤火虫在发光的时候，闪光的节律变化是不同的。它们就是用这种不同节律的光亮来相互传递信息的。当雄虫发出有节奏的光亮时，就会吸引来雌虫，雌虫见到这种信号以后，也会发出同样节奏的光亮，雄虫见到光亮，就会立即飞到雌虫身边去。这样这个小家就组成了，只等小萤火虫的到来啦!

不同种类的萤火虫，雌、雄虫每次所发出光亮的次数、明暗的间隔都是不同的，这样它们就可以在黑夜中辨别彼此的身份。大多数种类的萤火虫，雄虫有翅而雌虫则无翅，所以，那些在夜空中一边飞行，一边发出求偶闪光信号的多数是雄虫，雌虫一般只停留在树叶上面发出十分微弱的闪光信号，当雄虫察觉到雌虫的闪光信号后，就会向它飞过去。

萤火虫为什么会发光?

　　在夏天的晚上，萤火虫就会借助自己的发光器发出光亮来。在萤火虫的发光器上面都有表层为小窗孔状的发光层，在发光层的下面是一个反光层，每只萤火虫的发光层上面都含有几千个发光细胞。每个发光细胞都是由荧光素和荧光酶构成的，它们通过发光器周围提供氧的气管，相融成为晶亮的荧光。这样萤火虫的光就被释放出来了！

一闪一闪，像个小星星！

通常，萤火虫发出的光亮都是闪烁不定，半明半暗的，这又是什么原因呢？其实这与萤火虫发光器周围的气管输送的氧气多少有关。当氧气充足的时候，它的光亮就会强一些；当氧气不足时，光亮就会弱一些，甚至会黯淡。在萤火虫体内还有一种物质叫作三磷酸腺苷，它是一种高能化合物，能够在荧光变弱时与荧光素发生作用，使萤火虫重新发光。这样我们就会看到像小星星一样一闪一闪的亮光了。

萤火虫有什么作用呢？

萤火虫能够发出五颜六色的荧光，有淡蓝色、橘红色、淡黄色和淡绿色等等，给世界增添了不少光彩，同时也给人们带来了无尽的遐想。科学家们曾经根据萤火虫的发光原理，研制出了一种人工合成的冷光，这种冷光在含有易爆瓦斯的矿井和弹药库中有重要的应用。冷光的光色极为柔和，不会对人的眼睛造成什么刺激和伤害。另外，冷光源还可以将大部分的化学能转化成光能，而且能量的转化率特别高，大大地提高了资源的利用率。

抓来的"电灯"闪亮亮！

萤火虫可以帮助小朋友读书，这是真的吗？在中国的晋朝，有一个叫车胤的人，他非常喜欢读书，但是家里穷，点不起油灯。后来，他就用薄薄的纱布做了个小口袋，捉了很多萤火虫放在里面。一只萤火虫发出的光虽然很微弱，但是把这么多的萤火虫放在一起，还真像一盏闪闪的灯呢！

趣味问答

萤火虫的食谱是什么?

你知道萤火虫的食谱是什么吗?

萤火虫的食物非常简单,大多数萤火虫仅靠进食一些露水或花粉等来维持生命。不过在北美有一种特殊的萤火虫,它们会吃掉雄性萤火虫来繁衍并且保护后代生存。这种萤火虫专门模仿其他种类的萤火虫,发出雌性的闪光,这样雄性萤火虫就会立刻跑来,可怜的雄萤火虫就会被这种萤火虫吃掉了!

29

整天待在网上的"网虫"

夏天，在很久都没有打扫的角落里，我们总会看到一些丝丝网网的东西，它们就是蜘蛛结的网。这些网形状各异，而且还织得特别精致，蜘蛛每天都待在网上面，我们称它为"网虫"，但是蜘蛛是如何结出这些网的呢？这些网在蜘蛛捕食的过程中，又起到怎样的作用呢？

原来蜘蛛是这样的！

蜘蛛属于节肢动物，全世界大约有40 000多种。它们的身体分为胸部和腹部两部分，头胸部有附肢两对，第一对为螯肢，有螯牙，在螯牙的尖端还隐藏着厉害的毒腺；第二对为须肢，雌蛛与未成熟的雄蛛须肢呈步足状，主要用来夹食物，同时还能作为感觉器官。而雄蛛长到成蛛时，它们的须肢末节就会变得膨大。

蜘蛛是如何织网的呢?

在动物界，蜘蛛最拿手的本领就是织网了。它们能织出各式各样的网来，非常神奇。那么，蜘蛛是如何织网的呢?

原来蜘蛛在织网时，先要架"天索"。架"天索"的方法很简单，它们会先向空中放出一根长的丝线，让它随风任意飘荡，直到它粘到一个固定物体上。接下来，蜘蛛还会再放出一条垂直丝，并且在这根丝的中段上面加上第3根丝成为"Y"状，这就形成了蜘蛛网最初的三根不规则半径。然后从"Y"字状的中心向四周辐射，就形成了一张网的雏形。接下来，蜘蛛就要不断地铺设螺旋丝，纺织成网。

　　然后，它就会以网心为起点，再织出一根由里向外的螺旋线，成为下一道工序的"脚手架"。需要指出的是，直到"脚手架"搭好以后，蜘蛛所织出的网还不能够粘住小昆虫。这时候，蜘蛛便会从外向内铺设有黏性的丝，这种丝叫作捕食螺线，最后它们还会把"脚手架"啃吃掉！

　　网织好后，蜘蛛就会从网中心拉一根丝爬到网的一角躲起来。中间的这根丝就是信号丝。若是有昆虫投网，蜘蛛就可以通过信号丝的振动闻讯而来，将昆虫变为自己的美食。

有趣的蜘蛛爸妈！

　　与其他动物不同，蜘蛛繁殖后代的方式十分特别。一般蜘蛛爸爸会主动去找蜘蛛妈妈，但是起初蜘蛛妈妈会很讨厌蜘蛛爸爸，甚至会在这个时候对蜘蛛爸爸进行攻击。如果这个蜘蛛妈妈十分强大的话，还会将蜘蛛爸爸一口吃掉呢！但蜘蛛爸爸为了自己的小宝宝，还是会小心翼翼地接近蜘蛛妈妈，尽量不惹它生气，在交配过后，蜘蛛爸爸就会仓皇逃跑。

可是有一种蟹蛛，它们的爸爸就很霸道呢！蟹蛛爸爸才不会去哄蟹蛛妈妈呢，它们会直接把蟹蛛妈妈捆绑来，为它生儿育女。

蜘蛛宝宝的温暖窝儿！

在小蜘蛛未出生前，蜘蛛妈妈最重要的工作就是不停地编织卵袋，卵袋大的有鸽子蛋般大小，而且十分精致。多数蜘蛛妈妈在编织网袋时会先用长丝在树枝上搭好架子，然后织出一个口袋，这样，卵袋就制成了。另外，它们还会在袋口织一个盖，这样就可以保护产下来的卵了，等到小蜘蛛孵化出来，这些卵袋也会自动打开，小蜘蛛就会慢慢地爬离，它们的这个小家也就随风而散了。

趣味问答

蜘蛛是如何捕食的呢？

蜘蛛多以各种小昆虫为食。但是它们天天守在那张网上，是如何捕获食物的呢？原来，蜘蛛是用网捕获食物的哟！它们会以最少的丝织成最大的网，而它的网就像一个空中过滤器一样，一些未看见蛛丝的、飞行能力弱的小昆虫很容易被网粘住，然后蜘蛛就可以大吃一顿了！

吃便便的虫子真恶心啊

在夏天天气炎热的时候，总能在垃圾多的地方听到"嗡嗡嗡"的声音，转头一看，原来是苍蝇。它们到处乱飞，看到脏乱的、腐烂的垃圾、便便，都要飞过去，真是太恶心了！这么恶心的东西，它们是怎么生出来的呢？又是如何生活的呢？它们对人类真的没有一点儿好处吗？我们赶紧一起去看下吧！

苍蝇是如何产生的呢?

小朋友,你知道吗? 全世界共有双翅目的昆虫12万种,仅蝇类就有 34 000多种呢! 可见苍蝇的家族有多么大。苍蝇属于典型的"完全变态类 昆虫",它有一个特点,那就是只要交配一次,便可以终生产卵,一只 雌苍蝇一生可产卵5次左右,每次都能产大约150粒卵,最多的可以达到 300粒左右。它们的繁殖速度十分惊人,在一年内可以繁殖大概12代呢!

这个臭孩子长得可真快!

苍蝇的卵是乳白色的,呈香蕉形或椭圆形,长约1毫米。卵的成长 速度极快,24小时便可以长成幼虫,也就是我们俗称的蝇蛆,蝇蛆有三 个龄期:一龄期的幼虫体长约2毫米,在尾部有一个后气门;慢慢地蜕皮 后变为二龄,体长约4毫米,有两裂气门;再次蜕皮为三龄,体长达10毫 米左右,有三裂气门。三龄的幼虫呈长圆锥形,前端尖细,后端呈切截 状,无眼也无足。

传播病菌的坏家伙！

苍蝇都以腐败的有机物为食，比如人的粪便、畜粪、腐败的动物、腐败植物、污水等。所以，我们在一些卫生条件较差的环境中常常可以见到它们。苍蝇有舐吮式口器，会污染食物，还能传播痢疾等疾病呢！所以，在生活中，小朋友千万不可以吃被苍蝇玷污过的食物哦！

苍蝇为什么不生病？

苍蝇那么喜欢待在脏脏的地方，那么它身上一定有很多细菌喽！当然了，一只苍蝇身体表面携带的细菌最多可达到5亿个呢，在它们体内携带的细菌就更多了。苍蝇里里外外有那么多的细菌，那它自己会不会得病呢？

它们是不会得病的！因为苍蝇拥有一种特殊的免疫能力，当它们体内的病毒威胁到健康的时候，它们的免疫系统就会立即放射出两种免疫蛋白来抵抗，这两种蛋白一般会联手应敌，一前一后，寻找助手，如果这时候体内病菌过多的话，免疫系统就会不断地增强，直到把细菌彻底消灭干净为止。

苍蝇为什么不怕细菌？

苍蝇体内的那些细菌，对人类来说是有害的，甚至是致命的，但是对小小的苍蝇来说却不是病菌。原来苍蝇有着特殊的吃饭方式，它们"一边吐，一边吃、一边排泄"。这样它们能够在7至11秒的时间内将营

养物质全部吸收完毕，与此同时又可以将废物连同病菌一齐迅速地排出体外。这样细菌在苍蝇体内繁衍后代、开始制造疾病之前，就已经被排出体外了，根本不会危害到苍蝇的健康。

坏苍蝇也有★用处！

虽然小小的苍蝇给人类带来了许多不好的地方，但是人类也从它身上得到了一些好处。在20世纪90年代，日本的科学家就是根据苍蝇体内

强悍的免疫系统发明了抗菌肽，这种抗菌肽不仅具有极强的抗菌能力，而且还可以杀死某些真菌、病毒以及原虫，从而拓宽了抗菌体的应用前景。所以呀，只要我们肯去研究它，相信我们一定可以揭开它身上的各种秘密，去为人类服务。

苍蝇是如何越冬的？

在夏天的时候，我们经常会见到苍蝇，但是在冬天却很少见到。这是为什么呢？其实冬天也是有苍蝇的，只是它们以特殊的方式在越冬哟！它们越冬的方式有很多，既能够以蛹态越冬，也能以蝇蛆、成虫方式越冬。在冬天寒冷的时候，自然见不到苍蝇，但是在有人工取暖的室内仍有成蝇活动，总之，只要平均温度在5℃以上，苍蝇就能以成蝇方式生存下去。

快看，
还有会飞的鱼！

　　我们平时见到的会飞的动物大部分都是鸟类，但是，小朋友，你听说过吗？有一种生活在水中的鱼也会飞，它就是飞鱼。这是一种非常奇特的鱼，胸鳍十分发达，就像鸟类的翅膀一样，能够在水面上飞来飞去，好玩极了！你知道它为什么会飞吗？它真的是在飞吗？那就让我们赶快走近它吧！

飞出的一道风景线!

我们都知道,鱼儿是离不开水的,但是飞鱼的情况却十分特殊。它有一双长得像鸟翅膀一样的鳍,时而潜入海中,时而又冲出海面几米,能够在空中停留60多秒呢!鱼背部的颜色与海水非常接近,它们经常在海水的表面活动,如同成为海洋中一道亮丽的风景线。

飞鱼生活在哪里呢?

飞鱼主要生活在热带和亚热带海域以及中国的沿海地区,因为展开双鳍后能像燕子一样飞翔,所以又被叫作"燕儿鱼"。它的外形又细又长,呈扁状,长长的胸鳍一直延伸到尾部,整个身体就像织布的"长梭"一样，它凭借自己流线型的优美体型，在海中以每秒10米的速度高速"飞翔"。而且，它一次飞行的最远距离能达到1000多米呢！

它为什么要飞呢？

飞鱼为什么能够在水中飞翔呢？它的飞翔本领是怎么练成的呢？原来，飞鱼的视力很差，距它们非常近的食物，它们都看不到。所以，它们很难在大海中觅到食物。为了生存下去，飞鱼就必须适应这种残酷的环境，于是就练就了飞翔的本领，以水面上的昆虫为食。同时，学会飞翔又可以避开大鱼的追逐，以免受到天敌的攻击。

它真的在飞吗？

其实，从生物学的角度来讲，飞鱼的动作并不是真正的飞翔，而是滑翔。当它准备离开水面时，必须要在水中快速地游动，胸鳍紧贴身体的两侧，像一只潜水艇一样稳稳地上升。接下来，它又会用自己的尾部用力地拍水，整个身体好像离弦的箭一样向空中射出，飞腾跃出水面后，展开又长又亮的胸鳍与腹鳍快速向前滑翔。尾鳍击水所产生的浮力会将它送上天空，飞鱼会随着上升的气流在空中作短暂的"飞行"。可以说，尾鳍才是飞鱼"飞行"真正的"发动机"。

当飞鱼再次返回水中，如果需要重新起飞的话，它就会在全身还没有入水之时，再用尾部拍打海浪，以便增加滑翔的力量，使其重新跃出水

面，继续短暂的滑翔飞行。所以说，飞鱼的"翅膀"在"飞"起来的时候，并没有扇动，而只是在靠尾部的推动力在空中作短暂的"飞行"。当然了，飞鱼只会在遇到敌害攻击或者捕食的时候，才以极快的速度"飞"离水面。其他时候，飞鱼会像其他的鱼一样在水中游动。

小飞鱼出生在哪里呢？

同其他鱼类一样，飞鱼也要繁衍后代。到每年的四五月份，是飞鱼的产卵季节，它的卵又轻又小，卵表面的膜还有丝状的突起，非常适合挂在海藻上。鱼卵慢慢地发育成小鱼儿，就能够在水中自由地游玩了。

趣味问答

飞鱼在海中能觅到食吗？

尽管飞鱼的视力很差，它主要靠"飞"到海面上去觅食。但是，飞鱼在海中也能够觅到食物。飞鱼主要以海中微小的浮游生物为食，当然了，一些离得远的浮游生物它是看不到的，但是当它游到那些运动不太灵活的动物面前，就能捕到食物了，比如小虾和海藻上的小虫子等。

冲着食物
放点电，嗞嗞

小朋友，你听说过会发电的鱼吗？呵呵，我们知道风力发电、发电机发电、水力发电，甚至潮汐能发电，但很少人知道自然界还有一些鱼也能够发电哦！据统计，在全世界有五百多种鱼可以发电呢！人们将这种能够产生电的鱼统称为"电鱼"。

有发电能力的鱼

自然界能够"发电"的鱼有很多种，但是发电能力最强的就数电鲶、电鳐和电鳗了。据测试，一条中等大小的电鳐每秒能够放电一百多次，能产生二百多伏的电压呢！一条非洲的电鲶所产生的电压可高达三百伏以上。南美洲的放电冠军——电鳗能够产生高达八百伏以上的电压，很厉害吧？这样强大的电压甚至能把像马那样大的动物击倒呢！

电鱼有这么大的发电能力，当然主要是用来攻击和防御敌人了。另外，这些鱼还具有接受电的感觉器官，可以感知因放电而在它的周围形成的强大电场，这也可以防御周围强大的外界天敌接近它们。

电鱼为什么能发电呢?

电鱼如此大的放电能力是从何而来的呢?科学家通过对电鱼的解剖发现,电鱼的身体内长有一种非常奇特的发电器官,是其他鱼类所没有的。这种发电器官是由电板与电盘(由大量半透明的盘形细胞组成)所构成的,是电鱼自卫与捕食的重要工具。

电鳐尾部的两侧规则地排列着六角形的薄片肌肉。这些薄片肌肉很特别,一面是平滑的,布满了神经;另一面是凸凹不平的,没有神经。电鳐在发电时,先由神经传达出信号,而另一侧则不受神经的控制。如此一来,肌肉两侧就产生了电位差,就有电流通过了。其实,电鳐每一枚肌肉的薄片就像一个小电池,只能产生很小的电压,但是很多"小电池"串联起来,就可以产生很高的电压了。

当然了,不同种类的电鱼,它的发电器官也是不同的。

电鱼不会被电吗?

清楚了电鱼会发电的秘密之后,你有没有思考过电鱼能够产生那么强大的电压,为什么自己不会被电到呢?

原来电鳐的肌肉有大量紧密地排列在一起的细胞,电压就源于这样的细胞。当许多的小细胞产生微小的电压连在一起以后,便会形成极高的电压。但是，这些细胞还有一个特点，就是会允许一个离子流过它的细胞膜，它以放电的形式，使电压在电鳗的体内保持极低值，又可以以足够大的电流捕杀食物或者吓跑敌人，是不是很神奇呀？

趣味问答

电鱼能吃吗?

电鳗能够放出能量强大的电，听着就让人害怕，谁还敢吃它呢！呵呵，其实电鱼虽然会放电，但是它也是鱼类的一种哦，所以也是可以吃的。电鱼放电的电压很大，渔民们不敢轻易去捕捉它，但是电鱼放电以后要经过一段时间的恢复才能够继续放电。利用这一点，渔民捕捞电鱼就容易多了！

百发百中的"神枪手"

在海洋中，有的鱼会发电，有的鱼会飞翔，但是，小朋友，你听说过能够射出水弹的鱼吗？在东南亚和澳洲地区的海域之中，就有这种奇特的鱼哟！它们像一个"神枪手"一样，能准确地命中食物。这听起来是不是很神奇呢？那就让我们赶快了解下它吧！

活泼好动的射水鱼

射水鱼俗称高射炮鱼，当然是因为能射水弹而得名喽！它是海洋中一种非常调皮的鱼种，浑身有鲜艳的颜色，十分爱动！头部长着一对水泡眼，而且眼白处还有坚纹呢！它们异常机敏，在水中游动，不仅能够发现水面上的东西，而且还能迅速发现空中的物体呢。

一旦发现周围有捕食的对象，射水鱼便会偷偷地游近目标，先进行瞄准，然后再喷出一股水柱来，将昆虫打落在水中。射水鱼能把水射出3米多高，周围30厘米内的飞蛾都难逃它的魔掌。它的枪弹有很大的威力，不仅能将苍蝇、飞蛾类的小昆虫击落，而且还能把人的眼睛打伤呢！

想跟我打水仗吗？哈哈！

射水鱼练就这身高超的本领，全靠它的一张嘴。它的嘴非常特别，嘴沿上生有一道极细的槽，舌尖靠拢细槽，就形成了"水枪管"。只要把吸进嘴中的水从"水枪管"中猛喷出来，就能形成一股具有"杀伤力"的水柱，昆虫就在劫难逃了。

当然，想要在水中捕捉水面以上的猎物就要克服一个问题，就是水的折射作用。从水下往上面看，一切物体的位置都发生了偏移。但是聪明的射水鱼却懂得，如果从物体的正下方看，就一定能准确地瞄准，这样就能顺利地将食物收入囊中了。

水中的捕猎高手

要捕获浮在水面上的猎物，还要有十分敏捷的动作，以免使猎物飞上岸，或者让其他同类抢了先，这就要求射水鱼有快速思考的本领。射水鱼真有这样的本领吗？

对此，有关科学家曾作出了这样的实验：将一些昆虫放置在射水鱼视线之外的平台上面，随后利用爆炸将这些昆虫吹到了水中。研究人员还不时地转换其他的平台更换昆虫，给射水鱼增加难度，但是无论情况有多复杂，射水鱼都能以最快的速度发现从平台上吹下的昆虫，并快速地将其击落。

射水鱼为什么有这样的本领呢？难道是天生的吗？你猜对了哦！原来在射水鱼的大脑中有多条神经回路。鱼眼睛只要接收到猎物运动的基本信息时，就能够通过最短的路径传递到神经元，从而指导射水鱼发出相应的"劫杀"行动。小朋友，射水鱼的这些本领令人赞叹吧！

射水鱼还有哪些本领呢?

即便射水鱼可以解决折射的难题，它们的猎物仍然有可能会死里逃生，这时候，射水鱼的另一种本领就派上用场了。长期生活在水中的它，并不介意暂时跳离水面，跃到水的上方去捕获猎物。

温柔的"小可爱"

  在海洋馆里，小朋友都一定见到过海豹吧！看着它们在水中自由潜水的样子，很羡慕吧！告诉你哟，海豹可是海洋中的"潜水冠军"！另外，它们还是一种极为温顺的动物，虽然是食肉动物，但是一点也不凶残呢，特别是海洋馆中的海豹，在人群面前还能表演各种动作，非常可爱哟！

哇！潜水高手来啦！

海豹分布于全世界，尤其以寒冷的两极地区为多，它们有一层厚厚的皮下脂肪用来保暖，也可以及时提供热量储备。它们主要以海中的鱼和贝为食，并且食量还很大呢！一头60千克的海豹一天就要吃掉大约8千克的肉呢！一年中，它们大部分时间都在水中，只有在脱毛、繁殖的时候才会到陆地或冰块上生活。

小朋友，你知道吗？海豹和陆地上的豹子是亲戚呢！但是它们却没有豹子跑得那么快哟。因为海豹长了一双类似鱼鳍的脚，在陆地上爬行的速度缓慢。别看海豹在陆地上挺笨的，但是在水中，它可是捕猎的高手哟。即便是在海洋下方漆黑的水中，海豹也能找到食物。因为，它们不是靠眼睛去发现食物，而是用脸上的胡须去感受周围水压的变化，并以此判断出猎物的方位。

海豹善于潜水，它能在水中逗留长达半个小时之久，而潜水的深度也能达到600多米呢！在潜水时，它们会先深吸一口气，然后

屏住呼吸，闭上鼻孔与耳孔，同时心跳也会降至每分钟10次左右，这样可以大大减少血液中氧气的消耗量。

海豹宝宝出生在哪里呢？

海豹实行的是"一夫多妻"制。

雄海豹总会主动去追逐雌海豹，而一只雌海豹后面往往会跟着很多只雄海豹，雌海豹会从雄海豹中挑选一只和它"结婚"。所以雄海豹为了能够争取到雌海豹，就不可避免地会与其他的雄海豹发生争斗。

雄海豹相互间争斗的场面十分猛烈，它们会用牙齿狠狠地咬住对方，直到把对方的皮毛撕破，鲜血直流。战斗结束以后，胜利者就会和雌海豹一起下水，进行交配。

海豹在繁殖期，一般是不集群的，等幼崽生出来以后，它们会先组成家庭群，待哺乳期过后，家庭群就散了。海豹产崽一般都会到冰上或到岸上进行，待冰融化以后，幼崽才开始独立在水中生活。只有少数繁殖期推后的海豹个体才不得不在沿岸的沙滩上产崽。

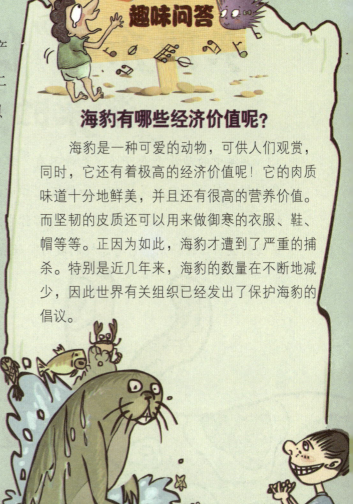

趣味问答

海豹有哪些经济价值呢？

海豹是一种可爱的动物，可供人们观赏，同时，它还有着极高的经济价值呢！它的肉质味道十分地鲜美，并且还有很高的营养价值。而坚韧的皮质还可以用来做御寒的衣服、鞋、帽等等。正因为如此，海豹才遭到了严重的捕杀。特别是近几年来，海豹的数量在不断地减少，因此世界有关组织已经发出了保护海豹的倡议。

活泼的"小可爱"

在海洋馆或海洋公园中，海豹整日都在游泳戏水，活泼好动，非常惹人喜爱。经过训练的海豹，还可以表演玩球等节目。它的身体像个球一样，皮下堆积着厚厚的脂肪，胖嘟嘟的十分可爱。当它们爬到岸礁上时，用游泳的鳍着地，拖着沉重的身体，显得十分笨拙，时常惹来观众阵阵的笑声。

"美丽杀手"住在深深的海洋里

　　海洋中的动物千奇百怪，无奇不有。其中，还有一种外形奇异、满身带刺的动物，它就是海胆。小朋友，你听说过海胆吗？它在海中停着的时候，很像一个刺猬，所以，人们都称它为"龙宫刺猬"呢！这个怪东西到底长什么样儿，它有怎样的威力？赶快了解下吧！

龙宫中的刺猬到底长什么样儿?

　　海胆是一种无脊椎动物，呈球形、半球形、心形或者是盘形，浑身长满了刺，就像仙人球一样。它们的器官包裹在由许多石灰质板紧密结合构成的一个壳内。刺就长在壳上面，而且这些刺是能动的哟! 壳板上每对管足孔相当于海胆的一个管足，细密地排列着。它的口总是贴着岩石，口中央有5个白齿，用来咀嚼食物。因为它所有的刺都向上直直地立着，所以被称为"龙宫刺猬"。

　　这只刺猬是不是看上去很吓人呢! 它身上有那么多的刺，其他动物恐怕都不敢接近它吧! 当然喽，海胆的这些刺，还有很大的毒性呢! 当遇到敌害的时候，它的毒针便能够发挥出强大的威力哟!

海洋中的"刺客"是如何杀敌的？

海胆因为害怕强光，所以有昼伏夜出的习惯。它们主要栖息在海底的海礁与石缝间，有时还躲在泥沙或珊瑚礁中间，主要靠身上的刺来防御强敌，同时刺也是捕获食物的工具。当海胆发现强敌或猎物的时候，便会将毒刺刺入对方的体内，接着再放出毒汁，把对方置于死地。海胆的毒刺呈螺旋状排列，并且在刺尖上面有倒钩。一旦海胆的毒刺进入人体内，便很难将它取出。

当海胆与敌人作战时，注意力便会高度集中，它们的刺也是十分敏感的东西，即便是某个东西的影子落到身上，针刺也会马上行动起来，进入紧张的备战状态。当遇到强大的敌人的时候，海胆便会把几根针紧靠在一起组成尖利的"矛"，以便能发出更为惊人的威力。

好奇怪的"病"！

海胆也是雌雄异体动物，雌体可以终年产卵。一般情况下，在海中生长3年的海胆就到了成熟阶段，具有繁殖能力了。它们是群居性动物，在繁殖上面，有一种非常奇怪的现象，就是在一个局部海区内，只要有一只海胆将精子或者卵子排到水中，就会像广播一样将信息传给附近的每一个海胆，刺激这一区域所有性成熟的海胆都排精或者排卵。针对这一奇怪的现象，人们还给它起了个贴切的名字叫"生殖传染病"。

这个家伙浑身都是宝

小朋友，你知道吗？海胆虽然长得奇怪，但是它浑身都是宝哟！它不但味道鲜美，还有很高的营养价值呢！海胆中含有丰富的蛋白质、脂肪，还有维生素A、D以及磷、铁、钙、氨基酸等等营养成分。海胆卵还是一种鲜美的"调料"呢，用它来泡面条，无需添加任何的佐料，味道比鸡汤面还要鲜美呢。小朋友都要流口水了吧？那就赶快去尝尝鲜吧！

海胆有朋友吗?

我们知道，海胆身上的刺是有毒的，其他动物都不敢轻易接近它。但是，小朋友，你知道吗？海胆虽然厉害，可它却会和朋友很好地相处呢！比如甲壳虫、海参以及蠕虫等许多软体动物都是海胆的朋友哟！这些朋友会寄居在海胆的身上，与海胆和平相处，过着十分安逸的生活！

趣味问答

为什么章鱼会喷墨汁？

小朋友，你见过长有八条手臂的鱼吗？它就是章鱼，也叫"八爪鱼"。它是海洋动物中非常聪明的动物之一哟！它的大脑十分发达，而且呀，它还有一种很特别的能力，那就是能够喷出墨汁来。这太神奇了，小朋友，你一定迫不及待地想了解它了吧！

长八条手臂的怪家伙！

章鱼又称石居、死牛、望潮，它的头上有8条腕足，腕足上面又有许多的吸盘，这些吸盘通常都吸附在浅海砂砾或岩石上，所以又被称为"八爪鱼"、"石吸"。与其他鱼类不同的是，章鱼有发达的大脑和神经系统，而且有着很强的记忆力。所以，它是软体动物族群中最聪明的动物哟。

目前世界上大约有600多种章鱼，它们的身体都呈囊状，头部没有明显的分界，上面有一双大的复眼以及8条可以收缩的腕，腕与腕之间有膜相连接，而且每条腕上都有两排肉质的吸盘。它一方面可以使章鱼稳固地吸附在海底的岩石上面，另一方面也可使章鱼有力地握持他物。章鱼的腕足上面有非常敏锐的触觉和味觉器官，可以帮助章鱼警惕敌人和辨别食物。

章鱼是如何保护自己的呢?

　　保护自己是每种动物的本能，那章鱼是如何保护自己的呢？原来章鱼体内有着奇特的构造。首先，在它的颈部，有一个像漏斗一样的管子，当章鱼游动的时候，它先会把水吸入外套膜，呼吸后会将水通过短漏斗状的体管高速喷出，因此产生的反作用力可以推动章鱼快速前进。这样一方面可以捕捉到食物，另一方面还可以在遇到敌害时，快速逃跑。

　　另外，章鱼还经常运用"障眼法"逃生呢！原

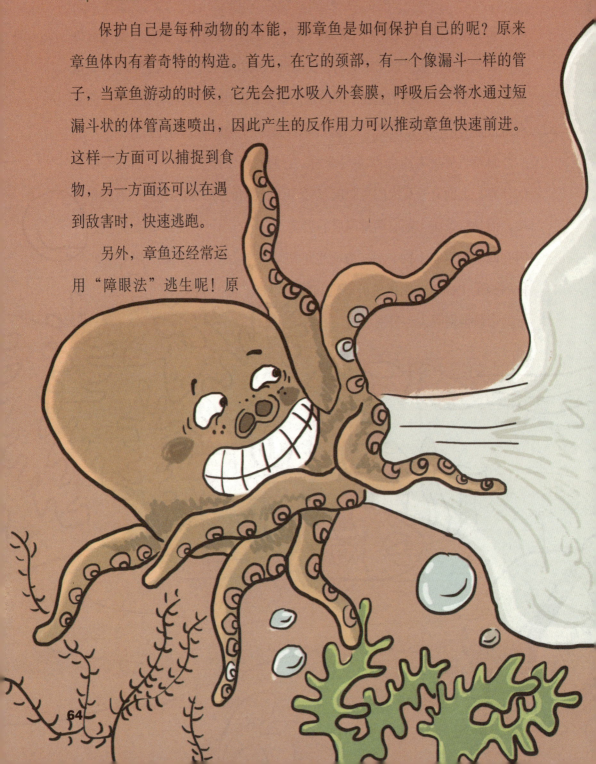

来章鱼有一种奇特的功能，就是它的神经系统可以对皮肤上的颜色细胞进行有效地控制。当它受到外界的刺激时，颜色细胞会迅速排列到表皮，顿时呈现与周围环境相似的颜色，以欺骗敌人，及时保护自己。

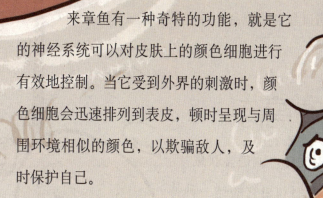

章鱼还有哪些逃跑妙招呢?

章鱼最奇怪的一种逃跑方法，就是向水中喷墨汁来迷惑敌人。这听起来似乎有些不可思议，但是章鱼确实有这种本领哟！原来章鱼体内有一种特殊的器官叫墨汁腺，它与消化系统相连。这个奇怪的墨汁腺能够制造出一种黑色或褐色的液体，流入空空的液囊之中，当敌人临近时，章鱼便会将液囊中的墨汁通过肛门喷出来，周围立即变得一片模糊，章鱼就会乘机逃走。

小朋友，你知道吗？章鱼还有更厉害的逃跑招数呢！那就是自行断足。当它不小心被敌人抓到腕足的时候，它就会使出最后的绝招，将腕足上的肌肉收缩，用力切断。这时候，敌害会扑向扭动的腕足，而章鱼却早已经逃之

天天。断足后的章鱼，伤口会自动闭合，而且不会出血。几十天以后，就长出了新的腕足。

神奇的"打捞高手"

章鱼还有一种奇怪的嗜好，就是喜欢藏身于空心的瓶罐、器皿之中，人们利用它的这一种特性，让它成为海洋中的"打捞高手"。

在19世纪初期，一艘载着大量珍贵

瓷器的日本皇室船只在日本海沉没了。沉船的地方实在太深了，连最好的潜水员也不可能潜到那么深的地方。后来，有位渔民想了一个妙招，就是请章鱼帮忙！它们捕捉了一些章鱼，将它们拴在绳子上面，然后放到沉船的地方。这些章鱼到了海底，一发现陶瓷器皿就立即钻了进去。人们再慢慢地提起绳子，极为顽固的章鱼一点也没发现。最终，这些执著的"打捞工"就把海底贵重的瓷器打捞了上来。

章鱼真的有那么凶残吗？

别看章鱼对其他动物那么凶残，但是在自己的宝宝面前，可慈爱了呢！到繁殖季节，雌章鱼先产下一串串晶莹饱满的卵，从此以后它就会一直守着自己的宝贝，而且还经常用触手去抚摸它们。等到小章鱼从卵壳里孵化出来后，雌章鱼还是会不停地为孩子操劳，怕其他动物欺侮它们，最终可能还会因为过度劳累而死去！

趣味问答

缝纫技术高超的小鸟

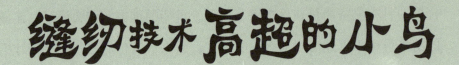

　　自然界有许多奇异的动物，千百年来，它们的一些习性或者技能给人类带来了许多启示。令人惊奇的是，鸟儿也有许多让人叹为观止的绝活呢！比如缝叶莺高超的缝纫技术，我们人类的缝纫技术就是从它们那里得来的启示哟！那么，就让我们赶快看一看这位"裁缝家"是如何剪裁出多样的衣服来的吧！

小巧玲珑的"小可爱"

一听它的名字"缝叶莺"，就知道它是一种会缝纫的鸟。但是，缝叶莺的缝纫技术主要用于筑巢方面，而非用在做衣服方面哟！

缝叶莺是一种小巧玲珑的鸟，身长只有10厘米，而尾巴就有5厘米长呢！它的外表呈橄榄绿或暗褐色，主要生活在中国的南部、印度与亚洲东南部的热带、亚热带地区的树木与灌木丛中，它的喙细长而且微微弯曲，两脚瘦长而强劲有力。每天都忙碌着捕捉树上的昆虫，可算是一种益鸟呢！

好一个灵巧的 "裁缝专家" !

缝叶莺以缝纫筑巢的高超本领令世人称奇，小朋友们一定很想知道它是如何施展它的缝纫技术的吧！

缝叶莺是一种聪明的鸟，它们在筑巢之前会先选择一个隐蔽的地方，比如大的芭蕉叶下面，并会用垂下的树叶作为基本材料，再利用一些纤维，比如蜘蛛丝或者人们所丢弃的长线为缝线，将自己的长喙当作缝针，加上两爪的配合，先将树叶的两缘缝合在一起。

在缝纫的过程中，缝叶莺会在距叶缘2厘米的地方，先用细长的嘴打出一些小孔，然后再穿上丝线。为了防止缝线松脱，缝叶莺还会在线头打上结呢！等一边缝好了，就会再接着缝另一边，最终缝缀成一个口袋形的巢，看上去十分精巧。

随着时间的流逝，被缝成口袋的树叶叶柄，往往会因为枯老而折断。而缝叶莺还会用一些坚固的草茎把叶柄围成团后盘在树枝上面。另外，它还特意把鸟巢做得有些倾斜，以免被大风吹落，被雨水淋进。鸟巢缝好以后，缝叶莺就开始成双成对地在树林中飞来飞去，四处寻找枯草、动物的羽毛和植物纤维，将它们衔回来垫在窝里，这就是它们的睡床了，温暖得很呢！"新房"做好了，接下来，它们就开始度"蜜月"，繁殖下一代了。

缝叶莺渐渐长大啦！

每年的3至4月是缝叶莺的繁殖季节，等雌缝叶莺受孕以后，雄缝叶莺就担当了外出搜寻食物的重要任务。每窝能够产卵3至4个，由雌雄鸟轮流孵，一个月左右，就可以孵出小缝叶莺来了。当母缝叶莺把它们喂养大，并有独立飞翔的能力后，就会独自离开，为自己另建新巢。

趣味问答

还有哪些鸟类善于筑巢？

人类虽然是万物之灵，但是在动物界中也存在着许多"能工巧匠"。缝叶莺以缝纫筑巢的高超本领而著称，但是，小朋友，你还知道哪些鸟类是筑巢高手吗？

喜鹊算一种，另外还有一种叫南非织巢鸟，也是一种非常高明的筑巢高手哟！

它怎么把蛋下到了别人的窝里?

在自然界，每种动物都有一个基本的能力，那就是哺育后代。但是，有一种动物却例外，那就是杜鹃。它是一种特别笨的鸟，只会产卵，却不会孵化养育它们。那它们是如何让后代延续下去的呢？小朋友一定很好奇吧！那现在就让我们去一探究竟吧！

穿花衣的布谷鸟

在初夏的时候，我们经常会从树林里听到"布谷、布谷"的叫声，那就是杜鹃在叫。它们也因此被人称做布谷鸟。布谷鸟的羽毛大部分或部分呈明亮的鲜绿色，有的呈黑灰色或褐色，还有的会长出红色或白色的斑纹哦！

杜鹃属于季节性迁徙的候鸟，生活习性十分奇特。在天气寒冷的时候，它们主要飞往印度和中南半岛去过冬，而到了春末夏初，气候变暖的时候，又会集体飞到中国的北部和西伯利亚的东南部去繁衍后代。而最让人不可思议的就是它的孵卵寄生性，这在动物群体中可不多见哦！

被抛弃的小杜鹃

春夏交替之际，是自然界鸟类的繁殖季节，其他的小鸟都在忙着搭建巢穴为哺育后代做准备，而唯有杜鹃从来不为此事操劳忧烦。这时候，杜鹃也是要产卵、繁殖的哟，它之所以不筑巢就是因为它太笨了不会建，更不会哺喂自己的幼鸟。那它们的宝宝怎么办呢？

这时它们会让其他的鸟类代职去帮自己孵育后代。很奇怪吧！杜鹃性格极为"孤僻"，它们经常孤零零地隐匿在多叶的枝干上。到了繁殖时期，雌雄鸟也不在一起生活。雌鸟负责产卵，在产卵前，它们会在树林间飞来飞去，为自己即将出世的宝宝寻觅合适的"产房"。

一旦发现有其他鸟类，比如云雀、斑鸠的巢窝中有新产的蛋，它就会狠心地将它们"蹬"出窝去，然后悄悄地将自己的蛋产在它们窝里，让自己的宝宝开始过"寄人篱下"的生活。

　　当然喽，这是不会被云雀、斑鸠等鸟类的妈妈发现的，因为杜鹃的蛋同那些鸟类的蛋在形状和颜色上都十分相似，让云雀、斑鸠等鸟妈妈认为那就是自己的蛋。于是就开始悉心地孵化，还会一心一意地呵护这些可爱的小宝宝。等杜鹃的幼鸟破壳而出时，它们的叫声与外形都与"养父母"所生的子女十分地相似，所以，"养父母"依然会疼爱地哺育它们，直到长大为止的。

你听说过关于杜鹃的传说吗？

　　在风景区内，我们经常可以听到杜鹃的叫声，它"布谷！布谷！"的叫声，非常清脆、悠扬、动听。但是，如果你听成"不如归去"时，就会感到有些忧伤和惆怅。在许多中国文人的笔下，杜鹃就是悲凉的象征。为什么呢？这就要从一个凄美的传说讲起了！

　　相传，杜鹃是中国周代

末年蜀国的国君杜宇化身变成的哟！历史上称他为"望帝"。杜宇是中国历史上一个十分开明的皇帝，在他晚年的时候，全国洪水成灾，鳖相靠自己的才能把洪水治理好了，杜宇就主动让位给它，而自己不久就去世了。他死后就化作了杜鹃鸟，日夜啼叫，催春降福。因为这个故事听起来有些悲凉，所以，杜鹃就成了文人笔下悲凉的象征了。

趣味问答

鸠占鹊巢是什么意思呢？

小朋友，我们都听过一个成语叫作"鸠占鹊巢"，你知道它是什么意思吗？其实这说的就是杜鹃不会做巢，而是常常强占喜鹊的巢。后来，这个成语就用来形容，强占别人的住屋或别人的位置。呵呵，你是不是也觉得杜鹃很霸道，很残忍呢？

会弹琴的音乐家

说起蟋蟀，小朋友们恐怕都不陌生吧！在昆虫活跃的夏季，到户外，那种不绝于耳的昆虫叫声又开始了，恐怕没有哪种昆虫比它叫得更为起劲的吧？如果你仔细听，甚至还能听出节奏来的呢！像一位音乐家在弹琴一样，非常神奇哟！那么，你知道蟋蟀是如何弹琴的吗？

让人讨厌的害虫

蟋蟀又叫作"促织"、"趋织"、"蛐蛐儿"等，是生活在草丛中的一种小动物。它们的身体呈黄褐色或黑褐色。圆头、胸宽，触角细而长，易被折断。它的大颚非常发达，前足与后足十分相似，后足发达善跳跃；尾须极长。雄虫前翅上有一个神奇的发音器，主要由翅脉上的刮片、摩擦脉和发音镜组成，这些都是它弹琴的重要工具哟！

蟋蟀平时都在地下活动，主要靠啃食植物的茎叶、果实和根部为生，所以，它可是令人讨厌的农业害虫哦！

爱打架的家伙

在一些电影或电视剧中，我们经常能看到一些斗"蛐蛐"的片断，将两只蛐蛐关在笼子中，看着它们相互打架，真是精彩极了。现实中的蛐蛐真的有那么好玩吗？它们真的那么喜欢打架吗？

当然是喽！因为蛐蛐天生就好斗，特别是雄蛐蛐，当与其他蛐蛐出现冲突时，它们就会用决斗来解决问题。特别是在争夺食物、争夺领地和争夺伴侣的时候，它们会拼了命地与对方格斗，直到把对方置于死地为止。

它是如何弹琴的呢?

　　蟋蟀最拿手的本领就是"弹琴"了，据说蟋蟀发出的声音与其他动物的鸣叫是不同的，它的声音很有节奏，就像音乐一样。当蟋蟀发出舒缓而悠长的普通叫声时，表明它很孤单，好像在召唤周围的同伴。当雄性的蟋蟀发出轻柔、短促，富有柔情的声音的时候，就表示它找到了自己的另一半。当它发出酷似六弦琴与三角铃的旋律时，就表示它在向雌性求爱。如果雌蟋蟀答应了雄蟋蟀的求爱，雄蟋蟀就会发出紧促而柔和的声音。小朋友，你是不是觉得它很有趣呢?

　　其实还有一个更奇怪的现象，那就是蟋蟀的声音不是靠声带发出的哟! 蟋蟀是没有声带的，但是在它们的腹背上面，接近直翅的基部有一对半圆形的发音器，它的声音就是从那里来的。那是一块有韧性并且半透明的油黑色薄膜，当蟋蟀振动翅膀的时候，能够将体内鼓足的气流从发音器中迅速地流出来，从而推动发音器的薄膜震动，再加上两翅的举起和放下，翅膀与腹面的接触处就会不断地产生广狭不同的变化因而引起共鸣，这样不同的声音就会产生了。

蟋蟀的短暂一生

蟋蟀在进行生殖活动前先要找到自己的配偶才行哟！它们是以鸣声来寻找配偶的，但是这种鸣声只有同族间的蟋蟀才能够听得懂，这样才能保证它

们不会与其他种族的蟋蟀交配。

　　一般情况下，蟋蟀每年只能繁殖一代。在每年的10月，雌蟋蟀会在杂草丛生的田埂、坟地和草堆边缘的土中，先产下卵来，然后在土中越冬。这些卵直到第二年的4月份就会孵化为若虫。若虫经过6次蜕皮，大约25天以后，就可以羽化为成虫了。然后，成虫便开始筑穴，独自外出觅食。它们属于不完全变态发育，喜欢栖息于荫凉、土质松软与潮湿的环境之中。成虫寿命很短哟，大约只有150天的时间。

趣味问答

什么是"不完全变态发育"？

　　上面说，蟋蟀属于不完全变态发育，那么，什么是不完全变态发育呢？其实，不完全变态发育是指：个体在发育过程中只经历卵、若虫、成虫3个时期。如果若虫与成虫在形态结构和生活习性上非常相似或一致，若虫通过蜕皮发育为成虫，每次蜕皮称为一个龄期。在昆虫界像蟑螂、蝗虫等都属于不完全变态发育。

老虎会吃掉
虎宝宝吗?

在动物园中,我们都见过老虎,它之所以被关在笼子中,就是因为它太凶猛了,非常残忍。它可以把很多动物都当成它的食物,就连人也能被它吃了呢!有人说,老虎有一个可取之处,就是它虽狠毒,但却不舍得吃自己的宝宝。但是老虎真的不吃自己的孩子吗?想知道的话,就往下看吧!

可怕的老虎来啦！

老虎属于猫科，是亚洲陆地上最为强大的食肉动物之一，它不仅生性凶猛，而且还拥有很长的尖齿、最大号的爪子，主要以中型的食草动物如兔子、长颈鹿等为食。老虎奔跑的速度也极快，一次跳跃最长距离可达6米左右，被称为最为完美的捕食者。

在自然界中，老虎位于食物链的顶端，对生态环境有极大的控制调节作用。在自然界中它没有天敌，只会主动回避人类，所以，被称为"兽中之王"。

森林中孤独的王者

老虎虽然是百兽之王，但是它却是十分孤独的。当然，老虎和人类是不一样的，对老虎而言，孤独感不是痛苦，而是一种享受。多数情况下，老虎都独居在自己的领地之中，而吼叫就是老虎打招呼的方式。

与其他动物不同，老虎的嗅觉不太灵敏，它也只能靠一遍遍地在领地里行走来加强警戒，以防"不速之客"的打扰。另外，老虎身上分泌物的气味非常大，而且在长时间内都不会消散，大约可以维持三周，附近的其他老虎很容易就会觉察到这种气味，而食草动物却不能。

老虎虽然是森林中孤独的王者，它喜欢独居，但是到了求偶的季节，雄老虎便会主动去寻求雌老虎，并慢慢地表达"爱意"，与雌老虎在一起。但是老虎根本不像人那么有感情，它们的"婚姻"只能持续很短的时间，很快，雌虎便会把雄虎给逐出门去，而雄虎对雌虎也不会很留恋。

你知道中国有哪几种虎吗？

老虎分布于世界各地，有很多种类，但是，小朋友，你知道中国有哪几种虎吗？想想看，你能说出几种呢？

生长在中国的虎主要有东北虎、华南虎、东南亚虎、苏门答腊虎与新疆虎。其中，东北虎主要生活在中国的东北地区，它是猫科动物中体型最大的，是真正的"万兽之王"哟！

华南虎又称为中国虎，它可是中国的特产虎哟！然而，野生华南虎已经灭绝，它们曾经主要生活在中国的华南地区，性格十分地孤傲和凶猛。

东南亚虎的主要特点是有大型的脚蹄。苏门答腊虎是唯一现存的岛屿虎，也是体型最小的一种虎。新疆虎主要生活在新疆中部塔里木河与玛纳斯河流域，这种虎已经濒临灭绝，需要人们的大力保护！

小朋友，这几种虎，你猜出来了几种呢？

"虎毒不食子"是真的吗?

"舐犊情深"是动物的一种本能,按道理来说,老虎再凶猛,但至少会对自己的宝宝疼爱有加吧!但事实并非如此哟。

雌虎一次可以产下5只左右的幼虎,而这对于雌虎来说,是一种很大的负担,因为它要不断地出去觅食喂养它们。母虎哪有那么多精力呢!于是,它就会狠心地吃掉其中几只弱小的幼虎,保证让其他的几只体格健壮的小虎更好地存活下去。当然了,母虎这样做,也是遵循自然界优胜劣汰的自然法则的。

而事实证明,母虎的这种选择是正确的,这避免了让一窝小老虎都饿死的状况。如此看来,"虎毒不食子"这句话好像并不准确,老虎不但凶狠,还会吃掉自己的宝宝。但是,这也是老虎聪明的一个原因,它知道,只有严格地遵循自然界的生存法则,才能够使幼崽在残酷的自然界中生存下来,而且一代比一代更强大。

什么是"猫科"?

我们都知道,老虎属于猫科,但是小朋友,你知道什么是猫科吗?猫科是动物分类的一种,这些动物是主要以食肉动物为主的哺乳动物,它们是高超的猎手,其中大型成员都是世界各地的顶级食肉动物。

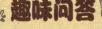

趣味问答

有情有义的 "长鼻子"

小朋友一定都在动物园中看到过拖着长鼻子的大象吧！它的鼻子还可以喷出水柱来，是不是非常好玩儿呢？与凶残的老虎相反，大象可是动物界中最为有情有义的动物哟，而且还爱憎分明，是动物界中的"大侠"。你想知道关于它们的故事吗？那就读下去看看吧！

最大、最长寿的动物

　　大象是世界上最大的陆栖动物，主要分布于中国的长江以南地区以及印度、泰国等东南亚地区。它的最大特点就是有一个长鼻子，具有缠绕功能，鼻子也是大象自卫与取食的最有力的工具。它还有像柱子一样的腿，走起路来十分稳当。小朋友，你知道吗？雌象与雄象长得还不一样哟！雄象长着伸出嘴外的象牙，而雌象则一律没有，以后你见到它们，就可以根据这个特点去辨别哟！

　　大象也是群居性动物，以家族为单位，由雌象为首领，它们每天活动的时间、行动的路线，觅食的地点，栖息的场所等等，均由雌象来指挥。而雄象呢，它们只负责保卫家园的安全。

　　而且大象是哺乳动物中最长寿的。据记载，它最长能活到60到70岁呢。

哇！脂肪还有这个作用呢！

　　大自然中，动物相互间的交流方式很是神奇，大象也一样哟！它们主要是用声波来交流的，在无干扰的情况之下，一般可以传播10千米左右，如果遇到强气流而使传播介质不均匀，则只能传播3千米左右，这大大阻碍了大象声音的传播距离。所以，在介质不均匀的情况下，群象就会一起跺

脚，可以产生强大的"轰轰"声，这种方法最远可以传播约30千米左右，那远方的大象又如何接收信息呢？它们该不会要把耳朵贴到地上听吧！其实，这是一种骨骼传导方式，当声波传到时，声波会沿着大象的脚掌通过骨骼传到象耳之内。

呵呵，很神奇吧！大象还有一种能力，那就是它脸上的脂肪可以用来扩音哟，动物学家把这种脂肪称为扩音脂肪。除了大象，许多海底动物也有这种脂肪呢！

最重情义的动物

　　我们在动物园中看到的大象，不仅行动笨拙，而且行为还很愚笨。这其实只是表面现象，它可是自然界中非常有智慧的动物哟！它们憨厚老实，而且还很热心，非常关心同类，感情极为丰富，还富有正义感，爱憎分明！

　　小朋友，你听说过大象的"葬礼"吗？那可是十分感人的场面呢！一头大象死了，一群的大象便在头象的带领下，用鼻子挖掘泥土，然后卷起一些树枝、石头、土块等去埋葬死去的大象。一会儿，地面上就堆了一个土堆，大象们又将土堆踩平踏实，就形成了"象墓"。最终，象群还会在头象的带领下围绕着"象墓"缓步而行，像是在哀悼！三天三夜以后，这群大象才依依不舍地离去。

不光对同类，它们对自己的幼崽更是有情有义呢！据一位探险家讲述：一头大象崽在刚出生不久就不幸死去了，象妈妈十分难过，每天都在象崽的尸体旁边不停地徘徊。怎么都不忍心抛弃死去的象崽。最后尸体都腐烂了，象妈妈还试图用自己的牙齿托着这具腐烂的尸体一起走，怎么都不愿将它丢下。小朋友，大象的这些行为是不是特别感人呢？所以，我们说它是动物界中最重情重义的动物，一点都不为过哦！

动物园里的"大侠"

大象不仅对同类重情重义，对养育它的人类也很讲感情的哟！

据记载，在一家动物园中，一头大象被一个饲养员喂养整整有20年之久。后来，这位饲养员退休了，这头大象见不到他每天就不啃吃东西了。于是这头大象一天天地消瘦下去，直到饲养员再次出现在它的面前，它才打起了精神美美地吃起了东西。

大象对自己的同类与所爱的人类都"情深义重"，但是对敌人或伤害自己的人却"绝不手软"。据说，在一个国家公园中，三个偷猎者射伤了一头大象，受伤的大象被激怒了，于是就向偷猎者冲过去。有两个跑掉了，另一个人在惊慌中爬上了一棵大树。愤怒的大象用鼻子将树连根拔起，将那个人摔昏过去，然后，跑上去将他踩成了"肉饼"。

大象每次产几只崽呢?

小朋友，我们都知道大象是哺乳动物，但是，你知道它一次能生几个孩子吗？大象一般每胎只生一个孩子，大约三年后小象才断奶，但是会跟着母象共同生活10年左右哟！

趣味问答

善于行走的
"无翼鸟"

在我们的印象中，鸟类都应该是在天上飞翔的。但是，小朋友，你听说过不能飞翔，却只擅长在地上行走的鸟吗？这就是几维鸟。这是一种非常奇怪的鸟，喜欢在夜间出来找食物吃，而且它产的蛋要比普通的鸟蛋大很多哟！几维鸟究竟是如何生活的？让我们赶紧了解一下吧！

是小鸡还是小鸟？

几维鸟因为它尖锐的叫声"keee-weee"而得名，又因为翅膀已经退化，所以又叫无翼鸟，它虽然是鸟类，但是长得却一点也不像鸟哟，而是像母鸡。它身材小而且粗短，嘴巴长而尖，腿部强壮，羽毛也极细，所以不善飞行，却善于在地上行走。这么说，它简直与鸡差不了多少呢，但是它产出的蛋却远远大于鸡蛋哟。

几维鸟的胆子很小，极容易受到惊吓。它的嗅觉非常灵敏，长嘴末端的鼻孔可以嗅出距自己很远的食物。它们主要以蚯蚓、昆虫、蜘蛛和其他无脊椎动物为食物，而且食量特别大呢，每次能吃进几十条蚯蚓。另外，它还有一个本领，那就是能在河涧中捉到鱼虾吃。

此外，它的寿命可达30多年，是比较长寿的鸟类之一哟！

猫头鹰一样的生活习惯

几维鸟没有翅膀，不能在天上高飞，那当它遇到危险的时候，如何逃跑呢？它虽然不能飞，但是却很擅长走，受到威胁时，会借助健壮有力的腿逃跑。几维鸟有一张长长的嘴，它的嘴有很大的用途呢。不仅可以用来捕捉食物，在休息的时候，还可以用来做第三条腿来支撑身体保持平衡。它的鼻孔在嘴巴之前，这与其他鸟类可不相同哟！两条腿上均长有十分锐利的爪子，便于它们在土地上挖掘、寻觅食物。

几维鸟都居住在洞穴中，巢穴挖成以后经过几个星期才可以使用，这主要是为了让苔藓与自然的植被重新生长出来，以便它们伪装。一只几维鸟能在地上挖上一百多个洞穴用来避难，而且几乎每天都要改变住所。它们白天不离开洞穴，除非在十分危险的情况下，而在夜间几维鸟就会出洞来觅食了。这主要是因为几维鸟的视力不好，而且眼睛不能够接触到阳光，否则会失明呢！

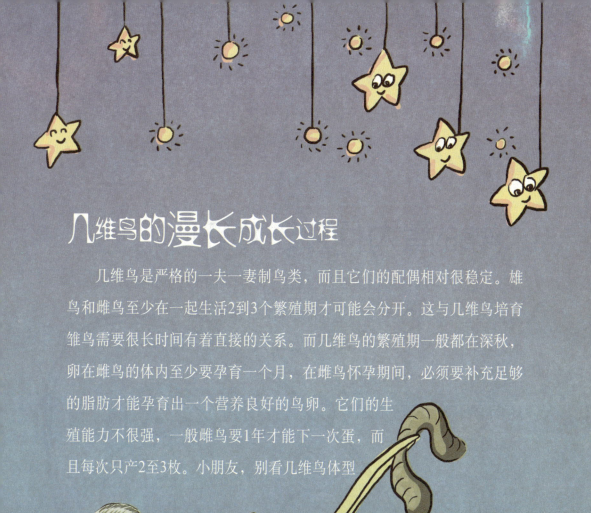

几维鸟的漫长成长过程

几维鸟是严格的一夫一妻制鸟类，而且它们的配偶相对很稳定。雄鸟和雌鸟至少在一起生活2到3个繁殖期才可能会分开。这与几维鸟培育雏鸟需要很长时间有着直接的关系。而几维鸟的繁殖期一般都在深秋，卵在雌鸟的体内至少要孕育一个月，在雌鸟怀孕期间，必须要补充足够的脂肪才能孕育出一个营养良好的鸟卵。它们的生殖能力不很强，一般雌鸟要1年才能下一次蛋，而且每次只产2至3枚。小朋友，别看几维鸟体型

不大，但是产出的蛋却很大哟，重量比一般的鸡蛋大5倍，相当于雌鸟自身体重的1/4呢。产出的卵呈白色或者淡绿色，孵化过程长达70至80天，这个过程完全由雄鸟负责。雏鸟的生长期特别长，大约需要4年才能长成成鸟哦。

几维鸟的蛋为何那么★呢？

小朋友，我们知道几维鸟的鸟蛋要比其他鸟的蛋大好几倍，这是为什么呢？原来，这是自然进化的结果！几维鸟的幼雏在生长的时候，蛋中的蛋黄是维持它们生长的重要食物，就是幼雏出壳1周，还需要靠体内残留的蛋黄的营养来维持生命呢！蛋黄的重量约占整个鸟蛋的61%。可即便是这样，这些蛋黄还是不能够满足雏

几维鸟为什么不能飞翔?

几维鸟属于鸟类但是却不能够飞翔,这一定让不少小朋友感到疑惑吧!呵呵,其实呀,这与几维鸟生存的环境有关系哟!几维鸟主要生活在古老的新西兰的南北两岛上,那里很是平静,没有走兽和蛇,鸟类根本无须逃避,地面食物也极为丰富。慢慢地,几维鸟类的飞翔能力就退化了。

趣味问答

鸟的营养需求,雏鸟生长一段时间就会变得瘦弱。出壳大约十八天,幼鸟就开始出去寻找食物。所以,有关专家都认为,几维鸟的雏鸟对营养的需求量较大,只有营养丰富的大蛋,才可以让它们有机会存活下去。

另外,几维鸟的蛋比普通鸟蛋要大一些,但是与鸵鸟类、鹤类等体型大的鸟类相比,则显得逊色多了。所以,科学家都认为几维鸟可能是鸵鸟类进化而来的。自然条件改变了它们的身体,而蛋的尺寸却保持原样,所以,几维鸟蛋就与几维鸟本身的体型不相称了。

地上和水里都是我的家

夏天，我们在郊外的池塘边经常能听到"呱呱呱"的叫声，小朋友们一定知道那就是可爱的青蛙吧！我们只知道青蛙生活在池塘边，但是它们的家究竟在哪里呢？是在池塘里还是在岸上呢？让我们赶快去弄清楚吧！

呱呱，我是乡村歌唱家

　　在郊外河边湿润的草地上，我们经常能见到青蛙。白色的大肚皮，外面穿着黄绿相间黑褐色斑纹的衣服，经常"坐"在那里睁着一双滚圆乌黑的大眼睛观察着周围的一切，看起来确实有些吓人哟！其实你一点都不用害怕它，它是一种十分温和的动物，不会伤害人。

　　青蛙是典型的两栖动物，小朋友，你知道什么是两栖动物吗？两栖动物顾名思义就是既可以在水中生活，又可以在陆地上生活的动物。它们幼年时期主要生活在水中，用头部两旁的鳃呼吸。长大以后，就主要生活在陆地上，用肺和皮肤呼吸。而且青蛙还有一个神奇的特点，就是它们的体温也会随着气温的高低而改变呢。

　　青蛙主要以蚊子、蝗虫等田间的害虫为食，是农民伯伯的好朋友。它不仅仅是害虫的天敌、丰收的卫士，而且在夏夜它们的那种悦耳的鸣叫声就是大自然永远弹奏不完的美妙音乐，是一首恬静而和谐的田野之歌。这种叫声给人们传达的是丰收的信息，也是喜悦和欢乐的信息哟！

青蛙有毒吗？不会吧！

　　青蛙四肢的肌肉很发达，善于游泳，它通常都在晚上活动，在河边的稻田中捕食蝗虫、蚊子、飞蛾等害虫。小朋友可能会疑惑了：蚊子和飞蛾都是飞行动物，青蛙怎么能捕到呢？这主要就是它的舌头在起作用喽。青蛙的舌尖是分两叉的，舌跟在口的前部，倒着长回口中，能够突然翻出来捕捉飞翔的虫子。

青蛙还有一个特别的地方，就是有三个眼睑，其中一个是透明的，主要在水中起到保护眼睛的作用。另外两个上下眼睑是普通的。头的两侧有两个声囊，可以产生共鸣，它的美妙声音就是从那里发出来的哟！

另外，青蛙还是个"变色龙"呢，它皮肤里的色素细胞会随着外界空气的温度、湿度的改变而发生扩散或收缩，从而导致青蛙肤色发生深浅不一的变化。因此，人们还能根据青蛙肤色的变化而预测天气情况呢！

　　一般的青蛙都是不带毒的，不会轻易伤害人类，但是有一些却相反。有毒的青蛙多半身体颜色鲜艳，这对于以青蛙为食的动物来说是一种警告色。动物会避开毒蛙，以免中毒。

变变变，终于变成青蛙啦！

　　与其他动物一样，青蛙的生殖特点是雌雄异体，但却是在水中受精，属于卵生。它们繁殖的时间大约在每年的四月中下旬。

　　在生殖过程中，青蛙有一种非常特殊的现象，那就是抱对，而这种现象只是生殖过程中的一个环节，可以促进雌蛙排卵。卵产到水中，孵化后就变成了小蝌蚪，在水中主要以蚊子的幼虫以及一些植物腐烂的根叶为食。经过几天后，就会先长出后腿来。慢慢地，蝌蚪的前腮就会退化并且长出前脚来。失去了腮的

"蝌蚪"，必须经常要从水底冲上水面吸一口新鲜空气，以适应离开水池，到陆地上的生活。

几天后，它们的嘴巴胃肠都会出现转变，当然在这个过程中，它们是不能够进食的，营养的来源除了体内储存的能量以外，主要依靠吸收尾巴分解以后产生的能量，慢慢地，它们的尾巴就消失了，最终就变成了一只小青蛙。

青蛙的祖先生活在哪儿呢？

小朋友，你想过没有，青蛙为什么会先生活在水中而后又生活在陆地上呢？原来，青蛙的祖先原本是生活在水中的，后来因为环境的改变，一些河流、湖泊都变成了陆地，蛙类的祖先为了适应环境的变化，

就逐渐地从水中向陆地上发展。而随之它们的器官也作出了相应的"调整"，以适应环境的变化。在远古时代，有很多这样的动物都经历了演变，但是存活下来的却只有蛙类。

怎么分辨小蝌蚪是青蛙还是癞蛤蟆?

青蛙的蝌蚪尾巴很长，嘴长在头的前面，而且常穿一身较浅的衣服哦。但癞蛤蟆就完全相反了，癞蛤蟆的蝌蚪尾巴相对较短，嘴巴在头的下面，它们喜欢穿的则是一身黑装！了解了这些，小朋友再去小溪旁捞蝌蚪时就能够分辨出来啦！但水边危险，要有父母的陪伴才可以哦！

趣味问答

动物界中的
"老寿星"

    动物与人类不同，它们的寿命一般都很短，寿命最短的动物蜉蝣从出生到繁殖再到死亡，只有五分钟的时间。普通动物的寿命一般都是几个月至几十年。但是，小朋友，你知道吗？目前为止，世界上寿命最长的并非人类，而是一种动物，它就是龟。它被人称为动物界中的"老寿星"，最长能活几百年呢！小朋友，你知道龟为什么能活那么久吗？

看！慢吞吞的龟哦

　　龟是比较常见的一种动物，但是，小朋友，你仔细观察过龟吗？它到底长什么样儿呢？

　　龟的长相可不好看哟。它背上长有非常坚固的甲壳，是身体的主要部分，受到袭击时，它可以把头、尾以及四肢都缩回龟壳内！它的头很小，小小的头部前方有一张嘴，无牙齿，有一双澄清、明亮的眼睛，它的耳朵位于眼睛的后方十分封闭的鼓室内，没有外耳部。脖子长长的，有伸缩功能。四肢粗壮，适于爬行，但爬起来却十分缓慢。脚短或有桨状鳍肢，背上的甲壳，起保护作用，覆以角质甲片。壳分为上、下两半，上半部即背甲，下半部即胸甲，背甲与胸甲两侧相连，甲壳一般两年左右都要换一次。后面还有一条细小的尾巴。走起路来一摆一摆的，十分可爱哟！

冬天来啦！ 龟哪儿去啦？

　　龟一般都在海、湖、沼泽、河与湿润的山涧中间生活，有时也到陆上活动，大部分种类是两栖动物喽。它是杂食性动物，以小昆虫、蠕虫、螺类、小虾及小鱼等为食，也吃一些植物的茎叶、浮萍、瓜皮、麦粒、稻谷、杂草种子等。它的耐饥饿能力极强，数月不进食也不至于饿死。

　　龟也是一种变温动物，到了冬天，或者当气温长期处于一个较低的状态时，龟就会进入冬眠。当然不同种类的龟，冬眠的温度是不相同的。一般都在11℃至18℃之间。冬眠时的龟会将头长期地缩入外壳之中，几乎不活动。同时它呼吸的频率也会降低，体温也随之降低，血液循环与新陈代谢的速度也减慢，当然它需要消耗的营养物质也会减少了。总之，这种状态与睡眠极为相似，只不过是一种长时间的深度睡眠，时间一长，它甚至还会呈现出一种轻微的麻痹状态。

上百岁的动物 "老寿星"

　　龟最让人称道的就是它的寿命。自古就有"千年王八万年龟"之说，足见龟的寿命有多长！那么，龟的寿命到底有多长呢？

　　据说，在韩国，一位渔民抓到过一只龟，长约1.5米，重量足有90千克，背甲上附着很多牡蛎和苔藓，据估计它的寿命为700岁，这可是动物家族中真正的"老寿星"了。

　　另外，一位西班牙的海员曾经捕到过一只海龟，长约2米，重300千克，有专家估计它已经活了几百年了。但是究竟有几百年，专家也说不清楚。

在中国上海自然博物馆中有一只背上刻字的老龟，它是1971年被人们所捕获的，背上刻有"道光二十年"字样，也就是1840年，从刻字的那一年算起，到被捕获为止，这只老龟已经生活了132年之久。另外，还有一只被七代人饲养过的龟，经过专家鉴定，这只龟已经有300岁高龄了。

小朋友你也感到吃惊了吧！在龟类的国度里面，不同种类的龟，它们的寿命也是不同的，最长的可以活几百岁，但是有的也只能活短短的几十年，并非每个都能"长命百岁"。特别是近些年来，海洋环境污染的加重与人类的捕杀，它们的生命受到了极大的威胁，它们的寿命也越来越短了。

龟为什么那么长寿呢?

龟那么长寿，小朋友，你知道其中的原因吗？对此，科学家的说法也不一呢！有的科学家认为乌龟的长寿与它们的个子大小是密切相关的，个头大的龟就长寿，而个头小的就短命，比如长寿的海龟和象龟都是龟类家族中的大个子。但是，这种说法好像没有什么科学依据哟！

有的人认为，龟长寿可能与它们所吃的食物有密切的关系，吃素的龟要比吃肉的长寿一些，但是另一类龟类研究人员却认为不一定。比如像以蛇、鱼、蠕虫为食的大头龟和一些杂食性的龟，寿命却都能超过100岁。

另外，一些科学家还从细胞学、解剖学、生理学等方面发现了乌龟长寿的秘密。结果都表明，那些寿命较长的乌龟细胞繁殖代数普遍较多。解剖学家曾把龟的心脏取出来，两天后，心脏竟然还能跳动。说明龟的心脏机能较强，这也可能是龟长寿的重要原因。

还有一种科学家认为，龟的长寿，与它们行动缓慢、新陈代谢速度较低和具有耐渴耐饥的生理机能有密切关系。不同的科学家从不同的角度去研究，得出的结果也不同，至于究竟是什么原因，还是需要进一步的研究哟！

趣味问答

龟的年龄如何计算？

我们都知道龟是长寿的动物，但是小朋友，你知道如何去计算它的年龄吗？这主要可以遇到一只龟，你知道如何去计算它的年龄吗？这主要可以从龟壳的纹路去观察，颜色越深，纹路越清晰就表示乌龟的年龄越大。如果你想知道它的实际年龄，可以具体数一下乌龟背部的甲壳上的纹路，一圈纹路代表一岁，全部的纹路就是总数，就计算出它们的具体年龄了。

111

身披铠甲的 "大鱼" 好吓人！

在野外，看到平静的河面上有两个小突起在向前移动，一般不会引起人们的注意。但是小朋友，你可千万不要小视它们，很有可能小突起的下面就是一个可怕的鳄鱼哦，它们身披铠甲，力量巨大，而且非常凶残，被人称为"冷血杀手"，小朋友，你知道它是如何生活的吗？

长寿的 "湿地之王"

　　鳄鱼听起来像鱼类的一种，但小朋友，它可不是鱼哟。它属于爬行动物，据说是恐龙现存的唯一的后代哦。它既能够在水中游泳，也能在陆地上自由地爬行。并且身强力壮的它们，可是目前世界上最大的爬行动物，据说最大的鳄鱼长达12米，体重约10吨呢！也因此被称为"爬虫类之王"。鳄鱼主要用肺呼吸，由于体内氨基酸链的结构，供氧储氧能力十分强，所以，鳄鱼是一种长寿的动物。据统计，一般鳄鱼的平均寿命能达到160多岁呢！

凶猛的 "冷血杀手"

平时我们一提到鳄鱼，就立刻会想到血盆的大口，密布的尖利牙齿，以及全身坚硬的盔甲，好像要时刻准备吃人似的。的确，鳄鱼是世界上最危险的动物之一，它们经常潜伏在水中或泥塘边等待猎物的到来，有很强的颚，口中长有许多锥形齿，腿较短，有爪，趾间有蹼，尾巴长而且十分厚重，上表皮带有鳞甲。主要以鱼类、水禽、野兔、各种蛙类等为食，而且在捕猎食物的时候十分凶猛。

鳄鱼有十分敏锐的听觉和视觉，外貌十分丑恶，它长这副模样就是为了恐吓其他动物，让一些凶猛的动物见了它就会主动攻击或主动避让。它们的眼睛长在头部较高的位置，白天大都潜伏在水中，只露出一双眼睛来观察周围的动静。鳄鱼的眼睛能够看到三维物体，在眼睛的后方还有一个特殊结构，可以使更多的光线反射进来，所以鳄鱼的夜视能力非常好。

鳄鱼隐避在水中的时候，看起来像是一截枯木或者一块岩石，不

容易被发现，有利于猎物自投罗网。鳄鱼往往选择隐藏在河岸边、水塘边、斜坡上……总之是猎物容易滑倒的地方来进行捕猎。

有的小朋友可能会问：鳄鱼长时间地潜伏在水中，不难受吗？其实鳄鱼有十分独特的"防水设备"呢！它们的嘴巴和喉咙被一种覆盖在颚上的骨质皱襞隔开，耳孔里的鼓膜紧闭起来，鼻孔内的活门自动关闭着，眼睛上还覆盖着一层透明的眼睑，形成了一层很好的保护膜，根本不怕被水淹哟！

小鳄鱼是太阳孵化出来的？

鳄鱼大约在每年的5至6月开始交配。雄鳄鱼十分凶猛，有自己的领地，在领地内有许多雌鳄鱼。一只雄鳄鱼往往会与一群雌鳄鱼交

配，一个月后即可产卵。

雌鳄鱼每次会产20至90枚蛋卵，产下圆形的卵以后，它们自己不去孵化，而是利用太阳的热量进行孵化，这一点是不是很特别呢？幼鳄的性别是由孵化的温度决定的，但是母鳄产出雄雌鳄鱼的比例大致都是相等的哟。

为了孵化卵，雌鳄鱼一般会把它们的巢建在温度较高的向阳坡，有的建在温度较低的低凹遮蔽处，这样可以利用杂草发酵的热量进行孵化哟！

为什么鳄鱼不易生病?

一般情况下，鳄鱼都生活在极差的环境中，那里的细菌非常多，你可能认为，这样的环境特别容易使鳄鱼生病，但是，长期在那里生存下来的鳄鱼已然适应了这种环境，比如鳄鱼不小心被其他动物伤害，留下了很大的伤口，依照常理，细菌应该会侵入鳄鱼的体内的，但是鳄鱼却一点事也没有。体内并没有致病的细菌，过了几天，伤口就会愈合。这是为什么呢?

呵呵，原来呀，鳄鱼的血液中有一种特殊的血清，它有强大的杀菌功能，不仅能杀死葡萄球菌，而且还能够抗击艾滋病毒呢! 这是鳄鱼抵抗力强的一个重要的原因哟。

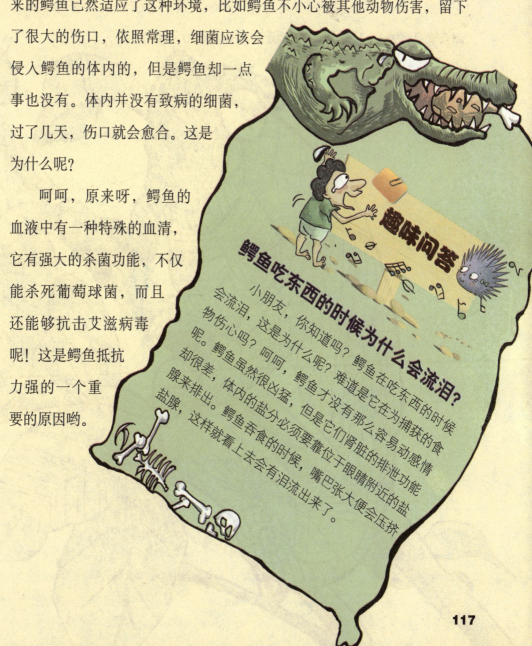

趣味问答

鳄鱼吃东西的时候为什么会流泪?

小朋友，你知道吗? 鳄鱼在吃东西的时候会流泪，这是为什么呢? 难道是它在为捕获的食物伤心吗? 呵呵，鳄鱼虽然很凶猛，但是它们肾脏的排泄功能却很差，体内的盐分必须要靠位于眼睛附近的盐腺来排出。鳄鱼吞食的时候，嘴巴张大便会压挤盐腺，这样就看上去会有泪流出来了。

变色龙为何会变色

　　在生活中，对于善变的人，我们经常会用"变色龙"来形容他。但是小朋友，你知道什么是"变色龙"吗？它真的会变色吗？它是根据什么而变色的呢？下面就让我们揭开这些问题的答案吧！

变色龙在很远很远的地方吗？

变色龙是生活在亚洲西部、印度南部和马达加斯加等地区的爬行类动物。一般体长为20厘米，当然，最长的可以达到60厘米哦！它们的四肢很长，很容易抓住树木。它有长长的尾巴，能够灵活地缠卷在树枝上。而它们的舌头非常灵活，全部伸展出来比它的体长还要长呢！另外，它们舌头上长的腺体很重要哦！这个腺体能分泌出大量的黏液，可以用来捕食昆虫。变色龙用长舌捕捉食物的速度是闪电式的，只需1/25秒便可以完成。

瞧，它有一双特别奇特的眼睛，眼帘很厚，呈环形，两只眼睛突出，左右可以转动180度，上下左右转动自如，左右眼睛可以各自单独活动，不用协调一致，这种现象在动物之中可是罕见的哟！看起来非常有趣呢。它们的双眼各自分工，前后注视，既有利于捕食，又能够及时发现后面的敌害。

当然了，不同的变色龙外貌的体征是不同的，有些变色龙的头部呈盔形，还有的长有十分显眼的头饰，还有几个向前方伸出的长角等等，看起来非常可爱呢！

变色龙果真会变色吗？

在自然界中，动物为了防御敌害，都有保护色。但是变色龙的保护色可与其他动物不一样哟！它们的身体会随着周围环境的变化而变色呢！这就是"变色龙"名字的来源哟！但是，你知道是什么原因使变色龙的体色随着环境的变化而发生变化吗？这可是个有趣的问题，许多科学家都研究过它呢！

原来变色龙之所以会变色，主要是因为它皮肤层中有特殊的三层色素细胞，这些色素细胞中充满了不同颜色的色素。最底层是黑色素细胞，它们可以与上一层细胞相互交融；中间层是暗蓝色的色素细胞；而最表层的色素细胞呈黄色与红色。这些色素细胞都可以在神经的刺激下相互交融，变换出与周围环境相似的颜色，并以此来保护自己免遭袭击，使自己生存下来。

它们是怎么变换颜色的?

变色龙能够根据周围环境的不同而使身体呈现出不同的颜色，小朋友，你知道什么能够促进变色龙的颜色发生改变吗？

根据科学家们的研究，影响变色龙变色的主要因素有阳光、温度、空气的湿度等。

在强阳光照射时，变色龙的体色就会较浅；在黑暗的环境中，它的体

色会迅速地变暗；当温度升高时，它皮肤上的色素细胞就会收缩，使它皮肤的颜色变得较浅；当温度降低时，皮肤色素细胞会慢慢展开，相应地皮肤颜色也会加深。

空气干湿度的变化，也会促使变色龙肤色发生变化。空气干燥，肤色就会变浅；空气潮湿，肤色就会变深。另外，各

种化学药品的应用，也会导致变色龙变色。

除了上述自然因素外，变色龙的神经系统也会对它体色的变化产生一定的影响。另外，变色龙的脑下垂体组织所分泌的激素，也会对其变色起到一定的作用。

哼哼！我要给你点颜色哦！

同其他有特殊本领的动物一样，变色龙也主要通过变换体色来传递信息，与同伴进行沟通和交流的，非常神奇哟！

特别是当变色龙在捍卫自己的领地与拒绝求偶者时，会通过体色的变化表达自己的意愿。比如，为了显示自己在领地里的统治地位，雄性变色龙身上就会呈现出明亮的色彩，以表示对侵犯领地的同类的反感；

当雌性变色龙遇到自己不满意的求偶者时，就会用暗淡的色彩来表示拒绝。此外，当变色龙想要挑起争端、发起攻击时，体色则会变得极暗。

趣味问答

变色龙的变色还有哪些作用呢?

人们普遍认为，变色龙变色是为了保护自己，恐吓敌人。但是，除了有这两个功能，还主要是为了捕猎食物哟! 只要发现有猎物，它就会马上改变身体的颜色，然后一动不动地将自己融入周围的环境之中，等猎物靠近时，立即捕获。

穿山甲真的能穿透一座山？

我们都听说过穿山甲，听到这个名字，就知道穿山甲应该是一种能穿山的动物。那么，它也应该是一种很庞大的动物喽！然而，它却没我们想象的那么庞大哟！它的身体最大的也只有30厘米左右，这样的身体真的能穿过大山吗？

你见过穿山吗?

　　穿山甲主要分布在亚洲南部与非洲地区，和鳄鱼的外形有些相似，全身裹满了坚硬的鳞片，总给人一种凶猛的印象。但是，它却没有鳄鱼那么凶残，是一种极为温顺的动物哟!

　　穿山甲的身体细长，全身的鳞甲就像房顶上的瓦片一样，四肢粗短，尾巴扁平而且长，背面略隆起。它们的头部呈圆锥形状，眼睛很小，舌头较长，口中没有牙齿。耳部不太灵敏，足部有五个趾，并且有强爪；前足的爪子较长，尤其是中间的第三爪最长，后足的爪则十分短小，极为适合在陆地上爬行。

为什么被人们叫作"穿山甲"呢？

一般人都认为，穿山甲应该有穿山的本领。穿山甲其实是说它身上有一层能穿透山的坚硬的外鳞片，并且它有挖穴打洞的本领，它们挖洞的本领犹如具有"穿山之术"，它们并不一定真能穿山哟！

穿山甲全身披着的硬角质厚甲片，外观不仅很像古代士兵的铠甲，而且硬度也超过了铠甲，据说用小口径的步枪都难以击穿，就连牙齿锋利的野兽也奈何不得呢，这就是"穿山甲"名字的由来哟。

穿山甲经常栖息于丘陵杂树林等潮湿的地带，属于夜行动物。它们只是在夜间出来觅食，一旦听到周围有动静，就能够立刻挖洞把自己隐藏起来。穿山甲十分擅长掘土，在挖洞的时候，它们的前后肢有着极为合理的分工，前肢挖洞，后肢刨土，转眼的工夫，就能挖出一个洞来。

另外，穿山甲还十分擅长另一种掘土方式，即用前爪将土挖松，然后，整个身体钻进去，竖起的鳞片拉住松土迅速往后退。据统计，穿山甲每小时挖土的量非常大，其重量与自身的重量不相上下呢！

穿山甲也会根据季节和食物的变化来改变自己的住所。冬天，天气寒冷时，它们喜欢居住在背风向阳且地势低矮的山坡上；夏季，天气炎热时，它们会转移到通风凉爽的山坡上。

最忠诚的"森林卫士"

穿山甲能够推毁白蚁的洞穴，所以，它被
称为"森林的卫士"。穿山甲的
视觉和听觉都很差，只能够借
助嗅觉来寻找蚁穴。当穿山甲发现蚁穴以后，它
们就会伸出像弯钩一样的利爪，左扒右掘，将蚁群从穴中赶出。然后，
它再伸出细长的舌头向蚁群横扫过去，于是，成百只的白蚁便成为了它
口中的美食。蚁群进入它的胃中以后，胃中的角质膜与一同吞进去的小
沙粒会共同发挥作用，将食物碾碎，达到消化的目

的。

　　小朋友，你知道吗？一只穿山甲一天大约可以吃掉约1千克的白蚁。而这1千克的白蚁1天内就能够破坏153平方米的山林。因此，它可是森林的最忠诚的守护者哟！

　　十分有趣的是，穿山甲还非常聪明，足智多谋，有时候会给白蚁设圈套，让它们自动去送死。穿山甲先会在蚁穴边躺下装死，同时，从它们的口中能散

作为哺乳动物的穿山甲是如何繁殖的呢?

我们都知道穿山甲是哺乳动物,哺乳动物都有类似的繁殖特点,你能猜出穿山甲是如何繁殖的吗?呵呵,一般情况下,穿山甲大约在每年的4至5月开始交配,孕期为8个月左右,分娩期为每年的12月至第二年的1月,每胎只产1只,有的也产2只。小穿山甲在产出后6个月常会伏在母亲的背上外出觅食,6个月后便会离开母体开始独立的生活。

趣味问答

发出十分浓烈的腥气,嗅到腥气的白蚁,便会纷纷出洞,把装死的穿山甲当作丰盛的大餐,蜂拥而上。这时候,穿山甲会把全身的肌肉紧缩,合拢鳞片,大部分白蚁就被关进鳞片中了。穿山甲便带着满身的白蚁跳进水中,然后,那些浮在水面上的白蚁就成了穿山甲的"战利品",不一会儿,穿山甲就将它们全部吃光了。

树上有只"睡美熊"

小朋友，我们都听过"睡美人"的故事吧！但是你听说过整天都待在树上的"睡美人"吗？这听起来是有些稀奇，但这却是现实存在的哦！它就是树袋熊！大部分小朋友可能都没见过吧！那就让我们走近去看看，看它是如何在树上美美地睡觉的吧！

"睡美人"是怎样生活的呢?

　　树袋熊又叫考拉、无尾熊,它主要生活在澳大利亚地区。也是澳大利亚最为奇特的树栖动物,所以被列为澳大利亚的国宝。

　　树袋熊身长约为75厘米,成年的体重约10千克,性情特别温顺,而且体态憨厚,长相与小熊很是相似,有一身灰褐色的厚厚的软短毛。但是胸部、腹部、四肢内侧的毛一般都呈白色,生有一对毛茸茸的大耳朵,鼻子裸露而且扁平。更为奇怪的是,它的身后是没有尾巴的!原来它的尾巴经过漫长的岁月,已经退化成一个软软的"坐垫"了,可以让它长时间而且十分舒适地坐在树枝上。

树袋熊的四肢较为粗壮，有长而弯曲的利爪。它的爪极为尖锐，脚掌上的五趾分为两排，一排为二趾，一排为三趾，极善于攀树，而且多数时间都在高高的树枝上，就是连睡觉也不下来。每天在树上睡觉的时间长达18个小时，所以有"睡美人"之称。

不喝水的"睡美人"

小朋友，你知道吗？树袋熊还有一个奇怪的特点，就是它从来不下地饮水。大家可能会问：它不怕口渴吗？树袋熊有自己的解渴办法呀！它是以桉树叶和嫩枝为主要食物的，可以从中吸收到足够的水分，所以基本上不会口渴哟！当地人们都称它为"考拉"，就是"不喝水"的意思。

别看树袋熊不喝水，它却十分能吃哟！每天除了睡觉，就是不停地吃，如果你看到它吃东西，一定会感到十分地吃惊。不过，它们的食谱却是十分地单一。通常情况下，它们只吃甘露桉树、玫瑰桉树、斑桉树这几种桉树的叶子。因为桉树叶子里面含有气味芳香的桉树脑和水茴香萜，所以，它们吃起来津津有味。吃过以后，在它们的身上总会散发出一种桉树叶子的清香。

但是，小朋友，你知道吗？桉树的叶子中有一种挥发性的毒油和丰富的纤维素，这本来对树袋熊的身体是非常有害的。但是由于树袋熊长期食用桉树叶子，所以，它们的身体已经形成了一套免疫系统，能将毒素"化害为利"，所以，树袋熊能够安然无恙地生活在桉树上，并能安

全地享用桉树叶。

挂在树上睡个美美的觉

　　树袋熊在桉树上睡觉，却不是在夜里，而是在白天哟！它们在睡觉的时候，总是喜欢蜷起身子来抱着树枝，看起来可爱极了。为了避免敌人的袭击，树袋熊在睡觉的时候十分地警惕。即便是睡着了，一有动静，它们便很快地会从睡梦中惊醒。

　　树袋熊喜欢睡觉，其实与它们的生存环境是有密切关系的。澳大利亚的土地十分贫瘠，所以桉树摄入的营养物质相对比较少，而它们正是以这种树的叶子为食，自然而然，从中得到能量也相对稀少，因此，它们必须要尽量不动，以减少自己的能量消耗，进而来维持它们的生命活动。

　　白天睡了一整天，到了夜晚当然会睡不着喽。树袋熊在晚上非常活跃，虽然动作非常笨拙迟缓，但是却会不停地在树上爬上爬下。另外，它们还有令我们想不到的绝活：可以从一根树干横跳到另一根树干上，动作幅度很大；也

可以从一根树枝纵跃到另一根上；而且还可以用一只后肢或前肢挂住树枝让自己的身体悬挂起来。别看它们长得那么笨拙，跳树枝还挺灵活的！

树袋熊的
幼年
生活

在每年的11月到第二年的2月，是树袋熊妈妈生宝宝的时期。雄雌树袋熊交配后，雌性树袋熊就进入了孕期，大约怀孕一个月就够分娩。通常情况下，树袋熊每次分娩均为一胎。刚刚生下的树袋熊宝宝很小，大约只有两厘米左右，体重也只有

5克哦！这个可爱的小家伙出生后，会依靠嗅觉爬进树袋熊妈妈的育儿袋中，吮吸乳汁。然后在妈妈的育儿袋中待上六个月左右，小树袋熊就基本发育完全了。

两个月以后，树袋熊宝宝就可以爬出育儿袋了，大约四年左右，它们便可以离开妈妈开始过独立的生活了。平时，树袋熊妈妈对自己的宝宝十分疼爱，当树袋宝宝能够独立生活时，它们就会开始下一次的繁殖活动。

树袋熊宝宝在开始进食桉树叶之前，会有个很奇怪的习惯，它们要先去舔食成年树袋熊的粪便才行哦！这主要是为了得到帮助消化纤维素的原生动物细

菌。成年的树袋熊在吃桉树叶子时，会挑选毒性最小的桉树叶子来吃。而树袋熊体内未被消化的桉树油，一般都会通过皮肤和肺脏排出体外去，而只有剩下的极少部分由排泄器官排出。

树袋熊的天敌是谁呢?

小朋友，我们知道可爱的树袋熊是经常生活在树上的，这样应该能安全地睡大觉了！它们为何还要时刻保持警戒呢？难道它们有天敌吗？你猜对了哟！树袋熊也是有天敌的，那就是老鹰、猫头鹰以及野生的猫、狗和狐狸等，它们在树上也经常受到这些动物的袭击呢！

趣味问答

嘿嘿，东西要洗过才能吃

　　在动物园中，我们经常会发现，许多动物随手拿起游客们扔给它们的食物吃，很少看见小动物们在捡到东西前要先清洗一下的。但是，生活在同一片天空下的小浣熊却有着这样的"洁癖"哦！平时它们在吃食物之前，都要先用水冲洗一下，难道小浣熊真的是讲卫生的吗？那就让我们看一看吧！

浣熊长什么样儿呢?

浣熊属于浣熊科，一般体长约70厘米，尾长约25厘米，主要生活在北美洲，所以，我们平时在动物园中也很少见到它哟！因为它在进食前要在水中浣洗食物，所以人们才叫它浣熊。别看它名字叫浣熊，但长得却一点也不像熊。它们的身躯与四肢都比较细长，鼻子也是长长的，脸上长有黑斑，身上的毛呈现出不同的色彩。而浣熊的尾巴也是既粗又长呢！像小熊猫一样长有黑白相间的环纹，摇动起来也是十分可爱。

浣熊喜欢在小河旁树木比较繁茂的地方生活，它们主要依靠触觉来感知周围的世界。浣熊平时以树上的果实、小昆虫、鸟卵还有其他的一些小动物为食，属于杂食动物。而且，它们还是小偷呢！在黑夜中，会到人类的住处去偷窃食物，再加上它眼睛的周围长有黑色的条纹，是不是很像一个蒙面小偷呢？在加拿大它们就被称为"神秘的小偷"哦！

浣熊能打败猎狗吗？

通常情况下，浣熊白天都在树上休息，而晚上却跑出来活动，时常影响了周围人们的生活，也为此，北美洲的人们常会在晚上带着猎狗去捉浣熊。别看浣熊的个体很小，但却是"游泳健将"呢！因为善于游泳，经常会在水中捕食，所以，追

　　杀它的猎狗会沿着河流和小溪去寻找浣熊，这样可以准确地找到它的踪迹。通常，等浣熊发现了猎狗以后，它们就会迅速地上树或者潜逃，但有时还是会被猎狗捕捉到的。

　　而追捕的猎狗如果遇上的是一只健壮的雄浣熊，那它就要倒大霉了。因为雄浣熊的水性很好，在水中，它们会使劲地将猎狗的脑袋浸入水中，或者用前爪击打猎狗的头。浣熊的前爪力气很大，猎狗也会因无力抵抗而被打败。是不是很厉害呢？

洗刷刷，洗刷刷，怎么越洗越脏呢！

浣熊在吃东西前，都喜欢先将食物拿到水中清洗，所以，人们才称它为浣熊，而"浣"也就是"洗"的意思哟！据相关科学家的观察，浣熊在洗食物的时候，很多情况下，它们用的都是泥水。经它们清洗后的食物比原来还要脏呢！由此可见，浣熊的这个习惯，并非是在讲卫生，而是它的一种本能习性，就像狗有往土里埋食物的习惯，蜘蛛有织网的习惯一样。这些习惯是它们一代代地遗传下来的。

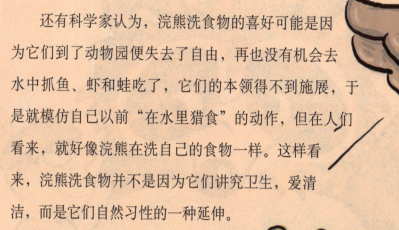

　　还有科学家认为，浣熊洗食物的喜好可能是因为它们到了动物园便失去了自由，再也没有机会去水中抓鱼、虾和蛙吃了，它们的本领得不到施展，于是就模仿自己以前"在水里猎食"的动作，但在人们看来，就好像浣熊在洗自己的食物一样。这样看来，浣熊洗食物并不是因为它们讲究卫生，爱清洁，而是它们自然习性的一种延伸。

"浣熊科" 是指什么?

我们知道，浣熊属于浣熊科，但是小朋友，你知道什么是浣熊科吗？浣熊科是食肉目中的一科，主要都是杂食性动物。形态、结构与熊科十分相似，但是它们的体型要小很多，并且有长长的尾巴。

浣熊科动物除了小熊猫分布于亚洲以外，其余的所有种类都分布于美洲。

趣味问答